U0183792

典型航空模型的设计与制作

主　编　张成茂

副主编　万齐顺　王同臣　戚兆云

参　编　宋秋龙　邵明正　张成雷　陈兰芳

　　　　张宏图　邢明明　李道勇　冯书港

电子工业出版社·

Publishing House of Electronics Industry

北京·BEIJING

内 容 简 介

本书较为系统地介绍了航空模型的操纵与制作的相关知识。第 1 章航空模型的制作基础，讲述了两种绘制图样的基本方法及航空模型机身常用的板材；第 2 章航空模型的操纵基础，讲述了模拟器的安装与调试、操纵要领及各种 3D 动作；第 3 章航空模型所需的电子设备，讲述了制作一架航空模型需要用到的电子设备，可以帮助新手认识航空模型结构及飞行原理；第 4 章双发豚鼠号航空模型的制作和第 5 章 F22 战斗机航空模型的制作，讲述了 KT 复合板航空模型的详细制作过程；第 6 章冲浪者滑翔机航空模型的制作，讲述了冲浪者成品机型的制作过程，适合新手入门；第 7 章自由者垂直起降飞翼航空模型的制作，讲述了自由者飞翼的组装及垂直起降部件的安装和调试，制作者可以借此加深对飞控的认知；第 8 章轻木滑翔机航空模型的制作和第 9 章轻木运输机航空模型的制作，讲述了轻木航空模型的制作过程，可以进一步提高制作者的动手能力。

本书是航空航天相关专业基础教材，可供本科低年级学生使用，也可供参加航空模型各项活动的爱好者参考。

图书在版编目（CIP）数据

典型航空模型的设计与制作 / 张成茂主编.—北京：电子工业出版社，2024.1

ISBN 978-7-121-47003-5

Ⅰ.①典… Ⅱ.①张… Ⅲ. ①航模－设计②航模－制作 Ⅳ.①V278

中国国家版本馆 CIP 数据核字（2023）第 247407 号

责任编辑：刘小琳
印　　刷：北京虎彩文化传播有限公司
装　　订：北京虎彩文化传播有限公司
出版发行：电子工业出版社
　　　　　北京市海淀区万寿路 173 信箱　　邮编：100036
开　　本：720×1 000　1/16　印张：12.25　字数：253 千字
版　　次：2024 年 1 月第 1 版
印　　次：2024 年 12 月第 3 次印刷
定　　价：55.00 元

凡所购买电子工业出版社图书有缺损问题，请向购买书店调换。若书店售缺，请与本社发行部联系，联系及邮购电话：(010) 88254888，88258888。

质量投诉请发邮件至 zlts@phei.com.cn，盗版侵权举报请发邮件至 dbqq@phei.com.cn。

本书咨询联系方式：liuxl@phei.com.cn，(010) 88254538。

前　言

航空模型是各种航空器模型的总称，在载人航空器出现之前，人们就已经创造出了各种能够飞行的航空模型。千百年来，人类从未停止过对蓝天的向往，更有许多前辈为此付出了宝贵的生命。

从 1956 年起，我国开始每年举办全国性的航空模型比赛，我国的现代航空模型运动开始蓬勃发展，人们对航空模型的兴趣逐渐提高。1975 年以后，中国的航空模型运动转入竞技体制，操纵者的技术水平迅速提高，许多项目已经达到世界一流水平。

随着国家"双减"政策的出台，航空模型兴趣课程逐渐出现在校园中，但开设的学校以中小学为主，教材的内容也多是关于四轴无人机的科普及操作，大多没有体现出对学生动手能力的考察。有关航空模型制作与操纵的知识分散在网络各大贴吧、交流群中，传播有一定的局限性，相关的系统教材存在较大空缺。本书的编写是对此空缺的有益补充。

本书在编写的过程中力求贯彻以下基本思想：

（1）从新手的角度出发，理论联系实际，方便读者掌握基本技能。

（2）尽量多用图示反映制作步骤，方便读者理解。

（3）在保证基本内容的基础上，尽量采用与时俱进的图文结合表述方式。

本书较为系统地介绍了航空模型的操纵与制作的相关知识。第 1 章航空模型的制作基础，讲述了绘制图样的基本方法及航空模型常用板材。第 2 章航空模型的操纵基础，讲述了模拟器的安装与调试、操纵要领及 3D 动作，可以帮助新手解决操纵方面的疑问，消除飞行期间的顾虑。第 3 章航空模型所需的电子设备，讲述了制作航空模型需要用到的电子设备，可以帮助新手认识航空模型结构及飞行原理。第 4 章双发豚鼠号航空模型的制作及第 5 章F22 战斗机航空模型的制作，讲述了 KT 复合板航空模型的详细制作过程。

第 6 章冲浪者滑翔机航空模型的制作，讲述了冲浪者滑翔机成品机型的制作过程，适合新手入门。第 7 章自由者垂直起降飞翼航空模型的制作，讲述了自由者飞翼航空模型的组装及垂直起降部件的安装与调试，航空模型制作者可以借此加深对飞控的认知。第 8 章轻木滑翔机航空模型的制作及第 9 章轻木运输机航空模型的制作，讲述了轻木航空模型的制作，可以进一步提高航空模型制作者的动手能力。

由于编者水平所限，书中难免存在错误和不足之处，恳请广大读者批评指正，便于后续修订。

编者

2023 年 6 月

目　录

第 1 章

航空模型的制作基础

1.1 图样获取

制作航空模型需要做大量的准备工作，图样获取是其中最基础的一环。有了好的航空模型图样，才可以制作出好的航空模型，如同建筑工程师有了好的图样才能建造出优秀的建筑一样。下面我们会详细讲解图样获取及如何用软件制作图样。

1.1.1 图样获取渠道

对于刚入门的玩家来说，可以从云霄模型、新动说模型、飞侠航空模型等 QQ 群，或者酷玩实验室、我爱模型、模友之家等社交平台得到航空模型的图样。这些 QQ 群和社交平台都是航空模型兴趣爱好者组建的，不仅可以获得航空模型的图样，还可以与广大航空模型兴趣爱好者交流飞行心得，在交流中使自己不断成长。

1.1.2 绘制图样

在制作航空模型时，我们常用到的绘图软件有 Auto CAD 2018 和 RDWorks V8（见图 1-1）。RDWorks V8 是本书作者实验室中的激光切割机所使用的软件，不同型号的激光切割机与软件一一对应。我们以豚鼠号图样为例，讲解如何制作豚鼠号航空模型图样。

图 1-1　绘图软件

打开图样文件夹，可以看到图样文件，由于尺寸的限制，图样被裁剪成许多 A4 大小的 PDF 图样，如图 1-2 所示。使用 Auto CAD 2018（也可以使用其他版本）将 PDF 图样导入其中，Auto CAD 2018 会自动将这些 PDF 图样合并成一张图样，并将其中的线条转换为 CAD 格式的线条。

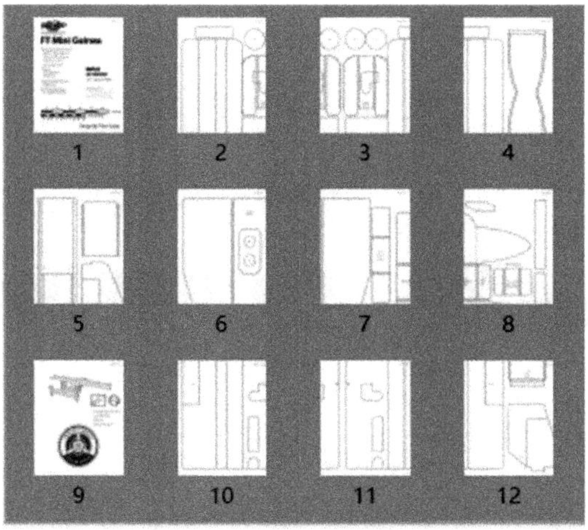

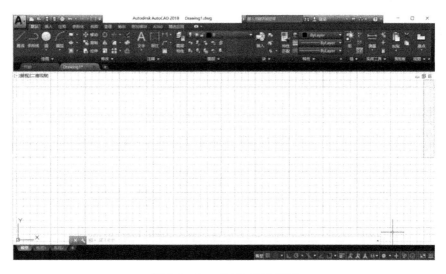

图 1-2 豚鼠号图样

通常第一次进入 Auto CAD 2018 时，背景是黑色的，可以将背景切换为白色以便观看，如图 1-3 所示。点亮"光栅图像参照"图标，然后在命令栏输入"OP"（OPTIONS），如图 1-4 所示，单击回车键弹出"选项"对话框，如图 1-5 所示。

图 1-3 Auto CAD 2018 界面

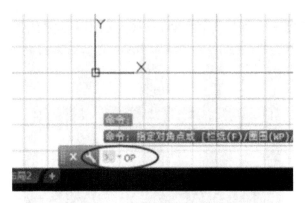

图 1-4 Auto CAD 2018 命令栏

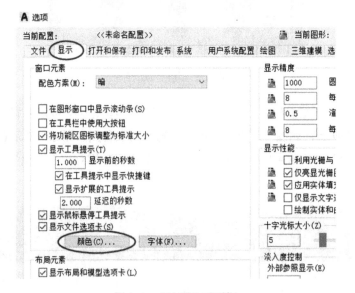

图 1-5 "选项"对话框

在选项对话框选中单击"显示"选项卡，再单击"颜色"命令，弹出"图形窗口颜色"对话框，如图 1-6 所示。

在"图形窗口颜色"对话框中将"颜色"设置为"白色"后，单击"应用并关闭"按钮关闭对话框。

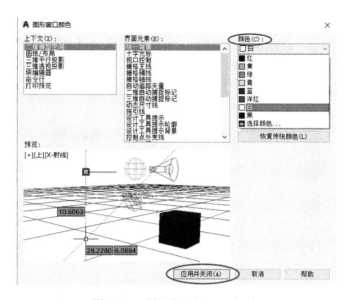

图 1-6　"图形窗口颜色"对话框

然后在"插入"工具栏中选择"PDF 输入"选项（见图 1-7）。

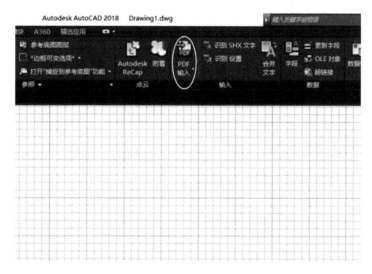

图 1-7　插入 PDF 图样

在弹出的"选择 PDF 文件"对话框中选择要绘制的文件并打开，如图 1-8 所示。

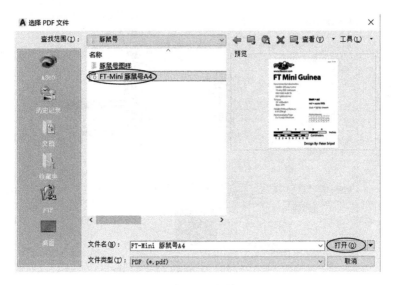

图 1-8　选择 PDF 文件并打开

　　选择模型图样，选中"在屏幕上指定插入点"选项，将"比例"设置为"1"，然后单击"确定"按钮，如图 1-9 所示。

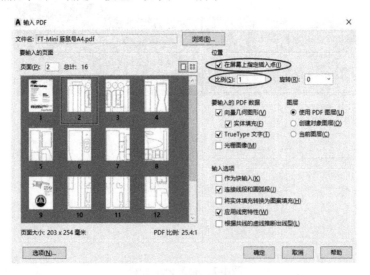

图 1-9　选择模型图样

　　将插入点设置为原点，方便后期定位。待图片插入后，Auto CAD 2018会将 PDF 图样转化为 CAD 格式，如图 1-10 所示。

重复以上步骤，将第二张 PDF 图样插入 Auto CAD 2018 中，并放置在合适的位置。如果位置不合适，可以选择需要调整的图样，使用"移动"命令将其调整到合适的位置，如图 1-11 所示。

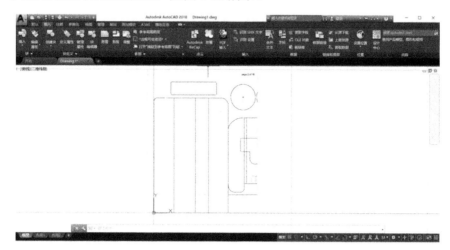

图 1-10　选择插入位置

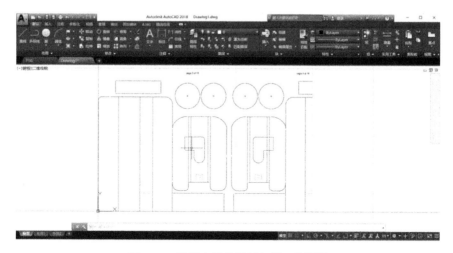

图 1-11　选择合适位置插入第二张图样

以此类推，将其余图样插入到 Auto CAD 2018 中，并调整到合适的位置，完成拼接，如图 1-12 所示。

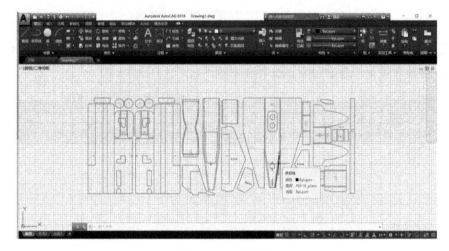

图 1-12　全部图样

　　原始图样中有比例尺，可以测量出航空模型某一位置的长度，可参照比例尺对图样进行缩放。将画线的端点放置到航空模型机翼的两端，由于本机型机翼的跨度较容易观察，因此测量出的线段长度即为翼展长度，如图 1-13 所示。

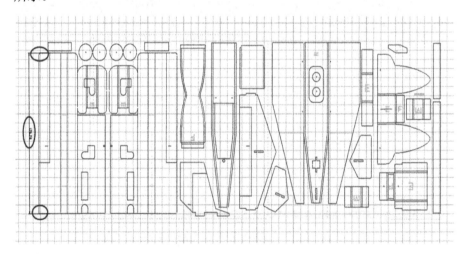

图 1-13　测量翼展长度

　　常用的 KT 复合板图样尺寸为 1200mm×800mm，超出的部分可以使用多张板材进行拼接，以确保板材合理利用。本例介绍的 KT 复合板航空模型翼展缩放到 800mm 左右，更改航空模型大小时，一定要注意等比例放大或者缩小。

缩放时，将图样全部选中，在工具栏中选择"缩放"命令（或输入 SC 后单击回车键），确定缩放原点，并输入合适的比例因子，如图 1-14 所示。

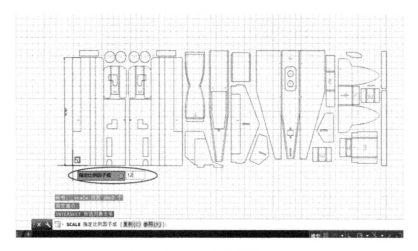

图 1-14　缩放图样

1.1.3　绘制其他类型图样

如果我们拿到的图样不是 PDF 格式的，而是图片格式的，又该如何绘制图样呢？这里以 F35 航空模型图片格式图样为例（见图 1-15），简述图片格式图样的绘制方法。

图 1-15　F35 图样

打开 Auto CAD 2018 后，在工具栏中单击"插入"，选择"光栅图像参照"，如图 1-16 所示。

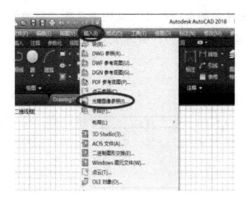

图 1-16　插入图片

在弹出的"选择参照文件"对话框中选择需要绘制的图样并打开，如图 1-17 所示。

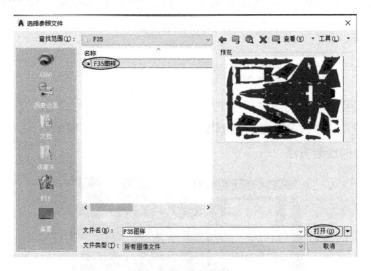

图 1-17　选择图片

在弹出的"附着图像"对话框中，选择合适的缩放比例（见图 1-18），确定所制作航空模型的大小，并将图样放置在 Auto CAD 2018 界面的适当位置。

图 1-18 选择比例

下面测量翼展的长度，并根据翼展的长度缩放图片，以满足实际航空模型的尺寸（见图 1-19）。

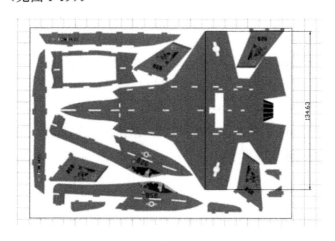

图 1-19 测量 F35 航空模型图样翼展长度

缩放到合适的比例后绘制图样轮廓。使用工具栏里的"绘图"命令，用线条沿着图片的外轮廓进行描边。对于有弧度的部位，可采用样条曲线命令，取样点采集得越多，拟合的外轮廓就越接近（见图 1-20）。

描完航空模型轮廓后，对拼接口的尺寸进行测量和调节，该尺寸与所用 KT 复合板厚度相关。若接口宽度偏小，板材则无法插入其中，会造成浪费；若接口宽度偏大，则需要大量热熔胶来粘接，会造成热熔胶的浪费，并且增加航空模型的重量，使飞行体验变差（见图 1-21）。

在绘制过程中，可以使用修改栏中的命令加快绘制过程。所有轮廓绘制完成后，再对图样进行排版。

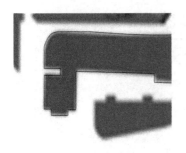

图 1-20 绘制轮廓

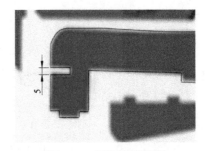

图 1-21 调节接口轮廓

1.1.4 图样排版

已经绘制完成的航空模型图样占用面积较大，排版可以降低板材的浪费。排版的同时要考虑图样与图样之间的关系，并在合理的位置布置打断线，防止切割后的板材干涉激光切割机运动。最后，还要考虑激光切割机的切割范围。

根据激光切割机尺寸和 KT 复合板尺寸的限制，将豚鼠号图样的排版尺寸设置为 1200mm×800mm。绘制一个标准尺寸的矩形框，将各个部件依次排入其中，按照板材的尺寸及材料和激光切割机的切割范围，将图样分成 3 份，如图 1-22～图 1-24 所示。

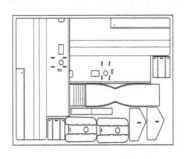

图 1-22 豚鼠号图样 1

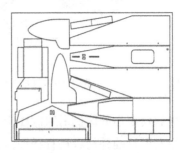

图 1-23 豚鼠号图样 2

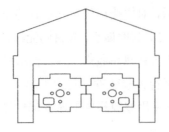

图 1-24 豚鼠号图样 3

根据豚鼠号图样绘制而成的图样，制作时采用 KT 复合板，尺寸为 1200mm×800mm；豚鼠号的电机座则采用层板材料，图样较小，可使用板材的边角料切割。

根据排版结果，将图样分为 3 份，保存为 3 个文件。新建 3 个图样文件，并将 3 份图样分别粘贴到 3 个新文件中，如图 1-25 所示。

单击"文件"工具，选择"保存"选项，弹出"图形另存为"对话框，可修改文件名，如图 1-26 所示。

图 1-25　新建图样文件　　　　　　图 1-26　保存文件

在"文件类型"对话框中选择"dxf"格式，一般选择存为较低版本，方便其他版本软件打开此文件。保存文件的版本过高时，低版本的软件可能无法查看图样，如图 1-27 和图 1-28 所示。

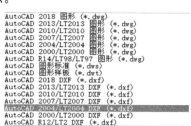

图 1-27　保存格式　　　　　　　图 1-28　选择格式

1.1.5　生成切割文件

绘制完成航空模型图样后，下一步就是生成切割文件，以便使用激光切割机切割板材。下面介绍作者实验室中激光切割机软件的操作方法，不同品牌的激光切割机对应不同的软件，其操作也有一定区别，可阅读使用说明书，或者联系相关的专业技术人员，学习激光切割机软件的使用方法。

打开 RDWorks V8，其主界面如图 1-29 所示。

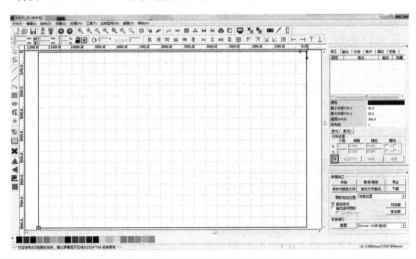

图 1-29　RDWorks V8 主界面

单击"文件"，在弹出的对话框中选择"导入"选项；选择要导入的文件，再单击"打开"按钮，如图 1-30 和图 1-31 所示。

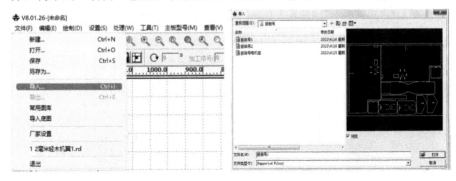

图 1-30　导入文件　　　　　　　　图 1-31　打开文件

导入图样后可以看到图样的位置，外侧较宽的黑线条为激光切割机的切割范围。作者实验室中激光切割机的切割范围为 1200mm×800mm，排版时要确保所绘制的图样在切割范围之内，超出部分将无法切割，如图 1-32 所示。

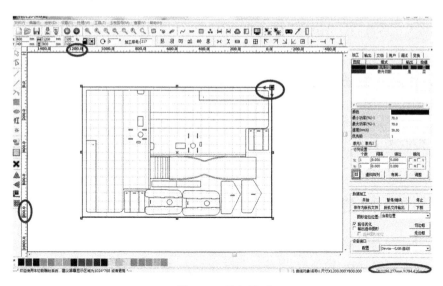

图 1-32　导入界面

确保图样无误后，设置激光切割机的激光功率和切割速度，切割 KT 复合板材质设置适中的切割速度和激光功率即可，如图 1-33 所示。

单击"保存为脱机文件"，弹出对话框后，选择保存类型为"rd"格式，单击"确定"按钮，将图样保存为脱机文件，如图 1-34 和图 1-35 所示。

图 1-33　设置激光功率和切割速度　图 1-34　保存脱机文件　图 1-35　选择保存类型

重复上述步骤，将第二张图样输出为激光切割机的脱机文件。由于最后的电机座部分采用厚度为 2mm 的椴木层板，所以需要重新设置激光功率和切割速度（见图 1-36）。若切割更厚的板材则需要继续提高激光功率，必要时可能需要进行多次切割。

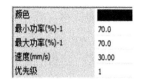

图 1-36　切割 2mm 椴木层板的激光功率

注意：后缀为"rd"的脱机文件为作者实验室中激光切割机软件保存文

件格式，不同类型的激光切割机保存脱机文件的格式不同。

1.2　航空模型常用板材

制作航空模型时，板材是必不可少的部分，不同类型的板材承担着不同的作用，如椴木层板可以用来制作航空模型的承力部件，轻木板材可以作为航空模型的蒙皮。本节介绍航空模型制作时常用的板材及其特点和获取方法。

1.2.1　KT 复合板

KT 复合板是经过 Polystyrene 发泡，再通过表面覆膜技术压合而成的一种新型复合材料，也称为 PS 板（见图 1-37）。KT 复合板常用于广告牌的制作，白色是最常见的，也有其他颜色的 KT 复合板，如红色、绿色、黄色、

图 1-37　KT 复合板

蓝色等，这些颜色的 KT 复合板常用来制作模型。KT 复合板具有轻便、易加工、覆膜后韧性好等优点，是制作航空模型的重要材料之一；另一个重要的优点是 KT 复合板价格便宜，对于需要大量练习的初学者来说，其性价比非常高。KT 复合板的尺寸多种多样，需要根据激光切割机的尺寸选择合适的板材规格，以免造成浪费。

1.2.2　PP 板

PP 板全称为 PP 微孔发泡材料，又称魔术板（见图 1-38）。它的厚度有多种规格，可满足各类手工制作 DIY 的需求。PP 板是聚丙烯材料物理发泡的闭孔结构板材，在耐热、防水、耐冲击等方面都有优良的特性。与 KT 复合板相比，PP 板的密度更大，易塑形，更加有弹性，耐摔性强。但是 PP 板的刚度较低，制作航空模型时需要用碳片来加强机身。综合考虑以上几个特点，PP 板最适合用来制作体积较小的手抛飞机。

1.2.3　轻木板材

轻木是巴尔沙木的另一个名称，它是木棉科轻木属里中等大小的常绿乔

木，因为其密度低，所以常常被用于制作航空模型。轻木板材表面光滑、纹理细腻，可接受不同程度的弯曲，因此深受广大航空模型爱好者的喜爱。作为航空模型材料的进阶版，其价格略高。轻木板材主要规格为宽 100mm、长200～1000mm，作者实验室中常用长宽规格为 1000mm×100mm，厚度为 1mm、2mm、5mm 的轻木板材（见图 1-39）。

图 1-38　PP 板

图 1-39　轻木板材

1.2.4　椴木层板

椴木层板是由几层薄木片胶合而成的胶合板，相比于轻木板材，其强度更高、密度更大，不仅可以在制作航空模型时使用，还可用于制作各种手工模型，如船模、DIY 微缩模型等。由于椴木层板本身密度较高，而航空模型对整体重量又有着严格的要求，过于沉重会使航空模型难以起飞，所以椴木层板在航空模型中常用于制作比较重要的部位，这些部位往往需要承受较大冲击和载荷，如航空模型的机身（见图 1-40）不仅要承受载荷，还要承受尾翼传递来的扭矩和弯矩，选用椴木层板作为机身材料可以满足这些要求。在设计航空模型电机座（见图 1-41）时，考虑该位置需要承受较大的振动和载荷，需要采用强度较高的椴木层板做支撑。在起落架支撑（见图 1-42）部位，也需要采用椴木层板。

椴木层板（见图 1-43）常用厚度为 1～10mm，长宽规格多样，可基于激光切割机的尺寸选择。

图 1-40　机身

图 1-41　电机座

图 1-42　起落架支撑　　　　　　　图 1-43　椴木层板

1.2.5　桐木板材

桐木板材的射线较细，木材纹理通直，具有不易劈裂、不易虫蛀、不透烟、易加工、隔潮等优点。桐木板材质量比椴木层板轻，比轻木板材略重，强度略低于椴木层板，加工切割较为方便，若航空模型中既需要一定的强度又需要较轻的重量，可以选桐木板材。实验室中常用的桐木板材的长宽规格为 1000mm×100mm，厚度由 1mm 到 10mm 不等（见图 1-44）。

桐木条是由桐木轻木制作而成的实心方形木条，其规格多样，容易切割加工，应用广泛，在航空模型中被用来充当机翼前缘，或者加固机身，常用的长度有 500mm 和 1000mm 两种（见图 1-45）。

图 1-44　桐木板材　　　　　　　图 1-45　桐木条用于加固机身

第 2 章

航空模型的操纵基础

2.1　航空模型模拟器的安装与调试

　　航空模型模拟器是为训练航空模型飞行而设计的软件,所有新手都需要在航空模型模拟器上训练一定时间后才能进行实际飞行。使用航空模型模拟器进行模拟飞行,可以为后期航空模型的实际飞行奠定技术基础。市面上常见的航空模型模拟器软件有 RealFlight G7 模拟器和凤凰模拟器(见图 2-1 和图 2-2)。RealFlight G7 模拟器可以选择更多航空模型并且更加真实,对后期进行特技动作的练习有很大帮助。模拟器和控制器需要用专门的加密狗进行连接。

图 2-1　RealFlight G7 模拟器　　　　　图 2-2　凤凰模拟器

2.1.1　RealFlight G7 模拟器的安装

　　(1)从官网上将 RealFlight G7 模拟器安装包下载到桌面,打开文件夹,找到并双击"setup"应用程序,如图 2-3 所示。

图 2-3　安装程序

　　(2)进入语言选择界面,有三种语言可供选择。根据需要,我们选择"中文简体"选项,然后单击"下一步",如图 2-4 所示。

（3）选择正确的语言后单击"安装"，等待程序自动安装，如图 2-5 所示。

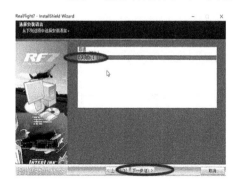

图 2-4　选择语言　　　　　　　　　　图 2-5　安装

（4）找到并打开桌面应用程序"RealFlight 7 控制台"，输入产品序列号进行激活，如图 2-6 和图 2-7 所示。

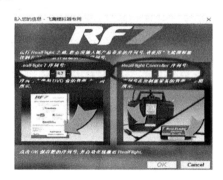

图 2-6　RealFlight 7 控制台　　　　图 2-7　输入序列号

2.1.2　RealFlight G7 模拟器的调试

（1）准备加密狗。将加密狗开关拨到"G7"一端，用加密狗连接控制器和计算机，如图 2-8 所示。

（2）校准控制器。在控制器中选择一个新的机型，并进行命名，然后打开"模拟"菜单栏中的"选择控制器"选项，如图 2-9 和图 2-10 所示。

（3）选择第一组控制器，单击"Calibrate"按钮，对控制器进行校准，如图 2-11 所示。

图 2-8　加密狗

（4）将所有摇杆置于中立位置，然后单击"Next"按钮，让模拟器检测摇杆的位置，如图 2-12 所示。

图 2-9　选择新机型

图 2-10　选择控制器

图 2-11　校准控制器

图 2-12　摇杆位置检测

（5）分别向上、下、左、右拨动摇杆，摇杆需要拨满，有利于计算机识别控制器的行程。然后单击右下角的" ✓ 应用 "选项，完成摇杆校准，如图 2-13 所示。

（6）更改航空模型类型。单击菜单栏中的"飞机"选项卡，选择"选择飞机"选项，可以更改不同的航空模型，如图 2-14 和图 2-15 所示。

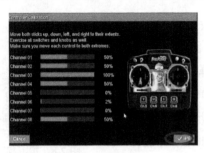

图 2-13　校准摇杆

图 2-14　选择飞机

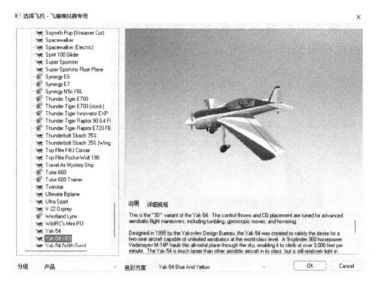

图 2-15　更改飞机

（7）更改航空模型参数。练习模拟器时降低舵面的行程可以使航空模型的动作更加轻柔，降低航空模型引擎（发动机）功率的比率可以降低航空模型的物理速度。单击菜单栏中的"飞机"选项卡，选择"快速编辑"选项，在弹出的对话框中更改各个舵机的行程和引擎功率比率，如图 2-16 和图 2-17 所示。图 2-17 中，Rudder 为方向舵，Elevator 为升降舵，Aileron 为副翼，Engine 为引擎。

图 2-16　快速编辑

图 2-17　调整参数

（8）更改飞行环境。更改飞行环境可以更好地模拟现实环境。RealFlight G7 模拟器可以更改机场、天气、风速等，如图 2-18 所示。

图 2-18　更改飞行环境

2.2　航空模型的操纵要领

2.2.1　航空模型操纵重点

（1）操纵过程中，手指不得离开操纵摇杆，禁止拨、弹摇杆。图 2-19 和图 2-20 为两种操纵摇杆的手法。操纵手法一在各个方向上的操纵更加灵活，适合飞穿越机时使用；操纵手法二更适合操纵固定翼，这种手法可以更好地感知油门和舵面的位置，操纵起来更加平稳顺滑。

　　　　图 2-19　操纵手法一

　　　　图 2-20　操纵手法二

（2）初期练习（实机或模拟器）时，要保持放松的心情，操纵动作尽量柔和、缓慢，航空模型机身倾斜时只需反向小幅度修正，修正动作过大会造成一直修正的恶性循环。

（3）油门的大小会影响航空模型动作的大小。航空模型的飞行速度越慢则其反应速度越慢；反之，航空模型的飞行速度越快则其反应速度越快。速度过慢或者过快对航空模型的操纵都是不利的，如速度过慢会导致航空模型失速，速度过快则会导致航空模型舵面失效，学会自主收放油门是检验新手技术的重要指标。

（4）确认航空模型状况。玩任何航空模型之前，都必须先确认航空模型电机和操纵面的动作正反向及动作量，确定正确无误才能开始飞行，以确保机体安全和人员安全。

（5）航空模型应逆风起飞、降落，保证机翼有足够的升力和速度。

2.2.2　航空模型的微调设置

要想获得一架性能良好的航空模型，除了前期的精心制作，航空模型试飞期间的微调设置也起着决定性作用。由于制作误差和不同的重心位置，航空模型试飞时总会发生意想不到的情况。在巡航状态下，航空模型会忽高忽低或向两边倾斜，如有这类状况，应该利用控制器上的微调按钮修正偏差，直到航空模型能平稳飞行为止。例如，航空模型如果向左边倾斜，则应向右边拨动微调按钮进行微调。图 2-21 中的 T1～T6 按钮是天地飞 ET16 控制器的微调按钮，其他控制器的微调按钮位置与此大致相同。

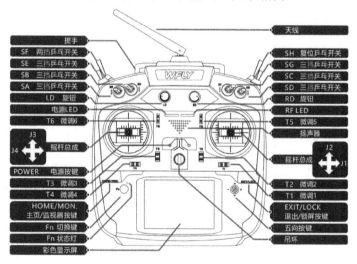

图 2-21　控制器开关分布

航空模型第一次试飞时，操纵者不要急于进行微调，应该尽量控制机身平衡，等达到一定高度后再进行微调，这时操纵者已经熟悉了航空模型的状况且有足够的反应时间。航空模型试飞前期可以设置较大的微调行程比率（20～40），这样有利于快速调整航空模型使其保持平衡；后期可以设置较小的微调行程比率（5～10），以达到航空模型最好的飞行状态。

2.2.3　航空模型的起飞要领

航空模型的起飞方式主要包括滑跑起飞、抛飞、弹射起飞、垂直起降等，前两种使用更广泛，操作更简单；弹射起飞和垂直起降多应用于其他领域。

图 2-22　航空模型跑道

1. 滑跑起飞技巧

（1）合适的场地和飞前检查。滑跑起飞首先需要一条不短于 50 米的跑道（见图 2-22），跑道中央和两侧禁止有行人。起飞前将航空模型摆放到合适位置，检查航空模型的舵面方向和电机推力。

（2）起飞前确认风向。所有航空模型均需正面迎风起飞才能获得足够的升力，降落时也要正面迎风降落，否则容易因风速与机速相同时浮力骤降，而造成失速坠毁。

（3）起飞动力要充足。缓慢推动油门摇杆，使航空模型逐渐加速，获得充足的速度后轻拉升降舵。

（4）方向舵控制。航空模型的方向舵通常与转向轮相连，起飞时的方向控制主要依靠转向轮，降落时的则主要依靠方向舵。航空模型在滑跑起飞和降落阶段偏离航向时需要小幅修整方向舵，切忌动作过大。

（5）起飞离地后注意攻角。航空模型应保持合适的起飞攻角，使航空模型呈稳定上升的状态。攻角过大时，航空模型容易失速下坠，出现忽上忽下的情况。

（6）航空模型起飞离地时，容易因反扭力造成侧偏，需要注意随时修正机体。

2. 抛飞技巧

抛飞是最常见的航空模型起飞方式之一，这种方式受地形影响较小，可以在空旷的草地起飞。此外，没有了起落架，航空模型的装机成本和装机难度都会有所下降，在超视距飞行中，还可以使航空模型减轻重量和降低阻力，增加续航里程。

1）固定翼航空模型的抛飞

固定翼航空模型抛飞时，操纵者需要双手托住航空模型两端，感到有充足的动力之后助跑，然后斜向上 30°平稳地抛出航空模型（见图 2-23）。操纵者在抛飞过程中要控制油门的大小，注意随时修正机体。

图 2-23　固定翼航空模型抛飞

2）三角翼战斗机航空模型的抛飞

三角翼战斗机航空模型的抛飞方式有两种。操纵者使用第一种抛飞方式时，用手握住航空模型机腹处的凹槽，感到有充足的动力之后助跑，然后斜向上 40°平稳地抛出航空模型（见图 2-24）。使用这种方式抛飞时，航空模型位置较高，遇到紧急情况时操纵者有一定的反应时间，但是危险系数较高，抛飞时角度应大一些，避免高速转动的螺旋桨对操纵者造成伤害。

操纵者使用第二种方式抛飞时，手握一侧机翼，斜向上抛飞（见图 2-25）。这种方式较为安全，但是抛飞时机身容易侧偏。另外，由于航空模型位置较低，一旦起飞俯冲，留给操纵者的修正时间较短。这种抛飞方式需要足够的动力和一定的角度，对操纵者的要求较高。

图 2-24　三角翼航空模型抛飞技巧一

图 2-25　三角翼航空模型抛飞技巧二

2.2.4 航空模型的巡航要领

航空模型起飞到一定高度后便开始进入巡航动作,一般航空模型的主要巡航动作较为固定。因目视的空域有限,初学者通常以左右来回为主要航道,航道与风向平行,左右两端点做回转转弯动作,中间则以平稳飞行直线航道为主。待练习熟练后,可以慢慢将航道变成环形(类似操场的形状),这样可以降低航空模型在空中相撞的概率,避免发生意外。

1. 航空模型直线飞行时的控制

于平行风向直线飞行时,需注意对油门的控制。逆风时必须用 10 成油门,顺风时可适当降低油门(如用 4~5 成),以避免机速过快。切记:顺风状态不可将油门收太小或全收,否则若机速与风速相等,航空模型则会丧失浮力导致失速坠毁。

当航空模型油门降低时,机速降低,必须适时拉一点升降舵,才有足够的浮力;反之,油门全开时,有些升力好的航空模型会一直向上爬升,此时需要压一点升降舵,让航空模型能平稳飞行。

2. 航空模型转弯的基本控制

很多人认为航空模型转弯的原理很简单,只需像汽车转弯一样转动方向盘操纵副翼摇杆就行,但实际结果是,航空模型会不停地横滚或者倾斜下坠,直至坠毁。这是因为航空模型转弯时的轨迹近似圆周,升力和重力的合力等于圆周运动的向心力,所以转弯时副翼要与升降舵配合使用,航空模型转弯受力图如图 2-26 所示。

航空模型的正确转弯方式是:首先操纵副翼摇杆使航空模型倾斜一定角度(15°~30°);然后副翼摇杆回中,同时拉升降舵摇杆,航空模型开始转弯,等转到预定方向后松开升降舵摇杆,同时操纵副翼摇杆反方向修

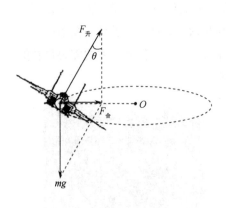

图 2-26 航空模型转弯受力图

正机身，完成转弯。

航空模型转弯时，操纵摇杆的动作要尽量轻柔。当航空模型倾斜后，松开副翼摇杆使之回到中立位置，不可一直打死副翼摇杆，否则角度会持续加大。初学者操纵时，应尽量打小角度，从侧倾角 15°～30° 开始练习，切记不可超过 45°，否则容易造成航空模型失速。

2.2.5　航空模型的降落要领

航空模型起飞后最重要的就是安全降落，降落的重点整理如下。

（1）降落时航空模型需保持平稳，正向逆风。

（2）慢慢降低直线巡航高度和航空模型速度。

（3）必须注意航空模型需要滑降的长度和高度，慢慢收油门，此时航空模型会因为浮力减少而慢慢降低高度，要适时拉一点升降舵。对于滑翔能力较好的航空模型来说，如果场地允许，可以从较远处直线滑翔降落；如果场地面积较小，可以先让航空模型盘旋，等降到合适高度时再抓准时机降落，切勿勉强降落。

（4）初期先练习没有起落架的航空模型（抛飞），在草地上降落，熟练后再练习带起落架的航空模型。

2.3　航空模型的 3D 动作

航空模型不仅可以让操纵者体会到飞行的乐趣，还可以完成一些真飞机无法完成的动作，带来不一样的视觉盛宴，3D 飞行技巧如图 2-27 所示。航空模型的特技动作适用于常规布局的固定翼航空模型和三角翼战斗机航空模型，尤其是 3D 固定翼特技航空模型，不适用于滑翔机航空模型和飞翼航空模型。

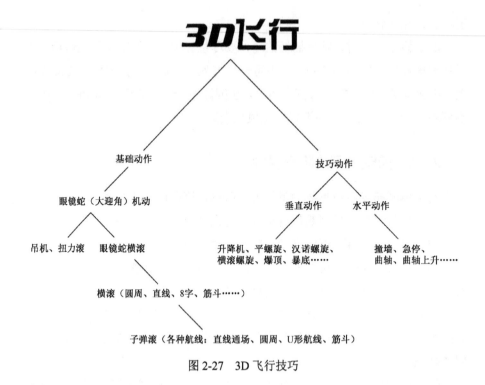

图 2-27 3D 飞行技巧

2.3.1 航空模型的基础动作

1. 眼镜蛇机动

顾名思义，眼镜蛇机动就是航空模型像眼镜蛇抬起头部（见图 2-28）一样保持大迎角动作。新手要想进入这个动作，可以先降低油门，让航空模型的速度先降下来，然后拉升降舵，这时航空模型会慢慢接近失速，需要在航空模型失速临界点将其控制住，使其进入半失速状态（见图 2-29）。

图 2-28 眼镜蛇抬头

图 2-29 眼镜蛇机动

做眼镜蛇机动时，航空模型处于大迎角状态，其舵效大幅降低，转弯时操纵者要注意随时修正机身。除了正飞眼镜蛇机动，操纵者还可以练习倒飞眼镜蛇机动（见图 2-30）和侧飞眼镜蛇机动（见图 2-31），这些动作可以为后面练习各种机动动作打下基础。

图 2-30　倒飞眼镜蛇机动　　　　　图 2-31　侧飞眼镜蛇机动

2. 吊机和扭力滚

吊机时，螺旋桨的升力等于航空模型的重力，航空模型表现得像被一根线竖直吊起来一样（见图 2-32）。吊机可以由眼镜蛇机动演变而来，在配合好油门的同时，不断增加航空模型的迎角，航空模型的姿态就会垂直于地面；同时控制好副翼，使航空模型不会滚转，保证航空模型的正面始终朝向操纵者。

航空模型在吊机状态下，副翼的舵效最小，由于螺旋桨的反扭力，航空模型会向相反的方向滚转；同时操纵副翼，航空模型会加速滚转，这就是扭力滚（见图 2-33）。不管是吊机还是扭力滚，都需要操纵者平稳地操纵摇杆。

图 2-32　吊机　　　　　　　　　图 2-33　扭力滚

3. 四位眼镜蛇横滚

航空模型在大迎角状态下进行横滚的动作被称为眼镜蛇横滚。眼镜蛇横滚的进入方式有两种，第一种是在熟练运用四个方位的眼镜蛇机动后，把四位眼镜蛇机动连贯起来，形成四位眼镜蛇横滚；第二种方法是在横滚的基础上，使航空模型慢慢进入大迎角状态。新手在练习时可以先操纵升降舵，使航空模型不掉落高度，熟练后再练习正、倒、侧眼镜蛇横滚（见图2-34～图2-36）。

水平横滚与飞行航线搭配，可以组合出独特的技术动作，如圆周横滚、水平8字横滚等，在各种特技动作的改出阶段常常会用作过渡动作。

图2-34 正飞眼镜蛇横滚

图2-35 倒飞眼镜蛇横滚

（a）

（b）

图2-36 侧飞眼镜蛇横滚

2.3.2 航空模型的技巧动作

1. 90°转弯

90°转弯是一个应用广泛的动作，它的基本原理是在正飞和倒飞的转换过程中增加对方向舵和升降舵的控制，实现90°急转弯，可以在某一区域飞出正方形航线。若要由正飞左转90°到倒飞，可以向左打副翼，同时推升降舵并向左打方向舵；由倒飞右转 90°到正飞，可以向左打副翼，同时拉升降舵并向右打方向舵，上述任意一个动作连贯起来连续做四次就可以飞出一个正方形航线（见图 2-37）。

图 2-37　倒飞右转 90°正飞

2. 连续正反 45°侧飞

在熟练掌握眼镜蛇机动后，可以练习连续正反 45°侧飞，在正飞或倒飞的时候，连续向左或向右滚转 45°，操纵时注意对方向舵的控制，使航空模型保持一定高度（见图 2-38）。

（a）　　　　　　　　　　　　　　（b）

图 2-38　方向舵位置

3. 平螺旋

航空模型垂直拉升到一定高度后俯冲，俯冲时油门收完，降低速度，向左侧轻推副翼摇杆，航空模型有向左侧滚转的趋势，然后拉满升降舵并向左打满方向舵，使航空模型瞬间减速，进入逆时针水平螺旋状态，再推油门保持姿态，在航空模型将要离地时可以直接接眼镜蛇横滚动作改出。前期轻推副翼摇杆的目的是使航空模型轴线发生倾斜，以便更快进入螺旋状态；后期副翼舵量要适当，否则航空模型过度倾斜，会导致机头向下，加速俯冲。倒飞平螺旋基本原理与正飞平螺旋相同（见图2-39和图2-40）。

图2-39　正飞平螺旋

图2-40　倒飞平螺旋

4. 汉诺螺旋

进入：汉诺螺旋属于一种自由落体运动，在这个过程中，航空模型保持侧飞状态并旋转（见图2-41）。所以，进行汉诺螺旋时首先要使航空模型进入自由落体状态。在高度较高的情况下，使航空模型的机头朝向大地，进入自由落体的趋势状态。

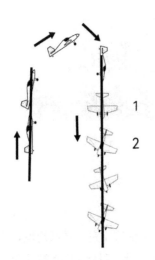

图2-41　汉诺螺旋

保持：向左打满副翼使航空模型进入竖直的滚转状态；然后推满升降舵，向左打方向舵并逐渐打满，同时轻收副翼，使航空模型的滚转轴线偏移角度逐渐增大。操纵者可以多加练习，体会各舵面舵量和油门大小对航空模型滚转速度的影响。

改出：改出汉诺螺旋，可以回中副翼，控制航空模型进入倒飞平螺旋状态后改出，或者倒飞接横滚动作等。

5. 爆顶

正飞上升逆时针爆顶，首先让航空模型垂直爬升，到达一定高度后将油门推满，同时副翼向右打满、方向舵向左打满、推满升降舵（见图 2-42），使航空模型呈汉诺螺旋的姿态爬升（见图 2-43）；然后回中副翼，收油门，使航空模型进入平螺旋，随后改出。在平飞的过程中进行爆顶操作，改出后进入吊机状态，此动作被称为水平爆顶，可以带来强烈的视觉冲击效果。

图 2-42　打杆示意

图 2-43　爬升姿态

6. 升降机

升降机是垂直动作中对技术要求比较高的一种。首先，使航空模型在一定高度水平巡航，注意机头要正面迎风，维持中速，拉升降舵，同时控制油门。航空模型迎风飞行，其水平速度趋近于零，在观众眼里就像电梯一样竖直上升或下降（见图 2-44）。

7. 曲轴

了解曲轴的基本原理，能帮助我们完成正飞曲轴动作和倒飞曲轴动作。不管是汉诺螺旋还是平螺旋，或者是爆顶动作的上升阶段，航空模型旋转的轴线都经过航空模型本身。而在做曲轴动作时，航空模型旋转的轴线不经过航空模型本身，其减速速度较快，所以要及时补油门。曲轴动作最后的轨迹类似绕轴线旋转的螺旋线（见图 2-45）。

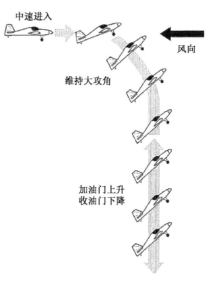

图 2-44　升降机动作

进入：首先使航空模型保持平飞姿态，副翼向右瞬间打满后回收，同时油门推满，升降舵拉满，进入平飞顺时针曲轴。

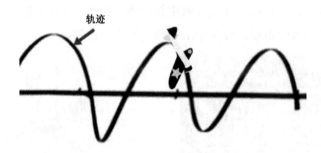

图 2-45 曲轴动作轨迹

8. 撞墙

进入：航空模型收油平飞，然后加大油门、瞬间拉升降舵，使航空模型突然失速下坠，就像撞在了一堵墙上（见图 2-46）。

改出：此时航空模型处于失速状态，需要满油门加速改出。

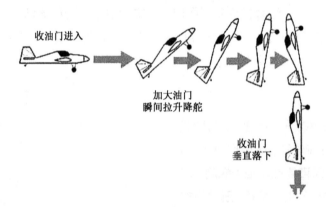

图 2-46 撞墙动作

第 3 章

航空模型所需的电子设备

3.1 基础电子设备

航空模型活动发源于 20 世纪初，1940 年后在中国兴起，引起了人们的广泛关注，一直长盛不衰，对航空事业的发展和科技人才的培养起到了十分重要的作用。航空模型在天空中飞行不仅要依靠良好的气动外形，还需要一系列电子系统的支持，如动力系统、控制系统、转向系统等。早期航空模型多为无控制或线控制，随着科技的进步，航空模型电子设备也在不断更新迭代，续航时间和控制距离不断增加，功能也在不断增多。

3.1.1 控制器与接收机

控制器与接收机是航空模型里最重要也是最基本的设备之一。控制器将油门摇杆位置和操纵者指令转换成电磁信号发送出去；接收机接收和分析这些电磁信号，然后控制电子调速器输出电压，控制舵机转动，进而实现操纵者对航空模型的控制。

1. 控制器

1）控制器发展历史

（1）FM 低频模拟调制时代。2001 年至 2008 年，航空模型控制器多用 35MHz、40MHz 和 72MHz 三个专属频段，每个频段可使用的带宽为 1MHz，并且各国的规定不同。当时不同的控制器搭配不同的频点可拔插晶体就可以互相兼容，在同一场所同一波段可以兼容六个控制器互不干扰地使用。

（2）2.4G 数字调制时代。航空模型模友日渐壮大，同一场地经常发生频率干扰的情况，航空模型离谁的控制器近，谁就会拥有对航空模型的控制权。于是，带宽更大的数字调制成为航空模型的发展趋势。自 2008 年起，航空模型控制器进入了 2.4G 时代，ISM（Industrial Scientific Medical）频率资源中的 2.4G 波段为全世界开放波段，只要符合各国无线电标准，任何电子设备均可使用。

目前，国内的航空模型控制器品牌主要有天地飞、睿思凯、乐迪、富斯等。经过十几年的发展，中国品牌的控制器已经不再处于入门级，在功能上已经可以媲美国际高端产品，国际市场份额也在不断增加。天地飞 ET16 控制器（见图 3-1），全比例遥控配合多段开关，最多可以支持 16 条通道；天地飞 ET16 接收机（见图 3-2），双天线布局使信号接收范围更广。

图 3-1　天地飞 ET16 控制器　　　　图 3-2　天地飞 ET16 接收机

2）辅助功能

航空模型控制器除拥有控制油门大小和控制航空模型姿态等基本功能之外，其中一些辅助功能也可以很好地满足操纵者的需求。

（1）教练模式。

教练模式，顾名思义是指在教练向学员教授飞行技巧的过程中使用的一种飞行模式。相较于飞行模拟器而言，通过实际飞行体验，可以更快理解和掌握飞行技巧。使用教练模式时，教练机和学员机通过数据线连接，教练模式开关打开后，学员可以自主操控航空模型。当学员机出现紧急情况时，教练员可以及时关闭教练模式开关，使航空模型的操纵权重回教练员手中，以确保安全（见图 3-3）。

（2）机型选择与模型选择。

航空模型经历了固定翼、直升机、多旋翼三个界限分明的时代。2003 年之前，人们主要使用固定翼航空模型，2003 年之后随着陀螺仪技术的成熟，直升机航空模型的操纵难度大大降低，人们对直升机航空模型的兴趣大涨。2012 年大疆在德国纽伦堡成功展示出精灵 1 多旋翼无人机航空模型，该机型采用先进的无人机航空模型飞控技术，即使是毫无航空模型操纵经验的人也能操纵（见图 3-4）。

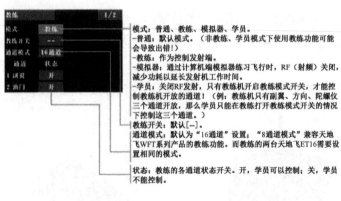

图 3-3　教练模式

图 3-4　精灵 1 多旋翼无人机航空模型

对于不同种类的机型和同一种机型中不同的航空模型，控制器都应能被调整，以满足不同用户的需求。操纵者可以更改航空模型的类型，包括直升机航空模型、固定翼航空模型、多旋翼航空模型及滑翔机航空模型；操纵者可以保存 30 架航空模型的具体参数，还可以在同种类型的控制器之间发送和接收航空模型参数（见图 3-5 和图 3-6）。

图 3-5　机型选择

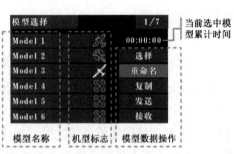

图 3-6　模型选择

（3）油门熄火。

许多情况下我们不希望电机转动，如在航空模型通电的过程中，以及航空模型起飞前和降落后的阶段。为了避免因误触油门摇杆而引发事故，可将一个通道设定为油门熄火通道，该通道一般为一个二段开关，可以安全地使电机熄火。默认的熄火位置在 17%，只有油门摇杆低于 17% 时熄火开关才起作用，熄火位置可以根据航空模型巡航时所需的油门比例更改，以防在飞行中误触（见图 3-7）。

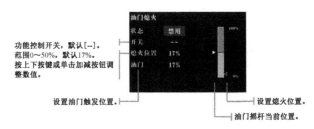

图 3-7　油门熄火

（4）对码。

控制器与新接收机之间需要进行对码设置，这样既能满足操纵员对不同航空模型的控制需求，又能有效防止发生因接收机丢失而导致控制器废弃的情况。对码时可以使用控制器内置高频头或外置高频头。外置高频头可以实现控制器与其他多种协议接收机对码，还可以通过改变高频头的功率实现遥控距离的改变。

内置高频头的对码步骤如下：①进入控制器菜单【通信设置】→【对码】；②接收机通电，长按 SET 键 3s（见图 3-8），LED 橙色灯闪烁；③单击对码"开始"键（见图 3-9）。RF 灯闪烁，接收机 LED 灯变为绿色灯常亮即表示对码成功。

图 3-8　SET 键　　　　　　　　图 3-9　开始对码

在操作对码时，控制器需靠近接收机，保证附近没有其他控制器正在进行对码操作，将螺旋桨拆下来以保证安全。对码成功后操纵摇杆，舵机应有相应的反应，打开油门熄火开关，推动油门，电机转动。

（5）双引擎。

部分航空模型、船模、车模中使用两个电机作为动力驱动，这时直接使用双引擎功能，简单设置引擎1、引擎2的加速摇杆和转向摇杆后，可以实现电机的差速转动；在使用双向电子调速器的机器人模型和船模中，可以通过设置一个正反开关，快速切换控制方向（见图3-10）。

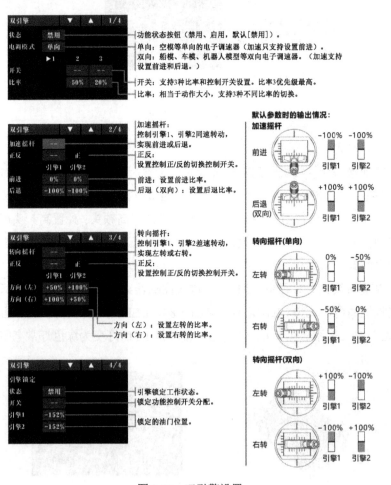

图3-10 双引擎设置

（6）微调设置。

路径：【通用功能】→【微调设置】。

微调是航空模型平稳飞行的一个重要保障，在微调设置中可以设置微调的动作量及动作模式，每个微调可以单独运动，也可以设置联动。航空模型试飞时，可以

微调设置		▼	▲	1/2
	步进	联动	开关	飞行条件
T1	40	开	三挡	全部
T2	40	开	三挡	全部
T3	40	关	三挡	全部
T4	40	关	三挡	全部
T5	40	关	三挡	全部

图 3-11　微调设置

将微调的步进设置得大一些，方便快速调整航空模型。控制器默认的步进为40，再次飞行时可以将步进设为 10 或 15，以便进行精细调整（见图 3-11）。

①T1～T5。

联动：例如，T1 开联动，则相应的 T1 分配的通道会跟随运动。

开关：分为禁用、二挡、三挡，默认为"禁用"，在主页面处会显示相应的符号（见图 3-12）。

飞行条件：分为全部、单独，默认为"全部"。全部模式下的微调数据反映在所有飞行条件下，单独模式下每个条件都可以进行单独的微调调整。

②VL、VR。

模式：包括普通、云台、旋钮三种模式。向下打两下后，舵机自动回中（见图 3-13）。普通模式松开后，舵机回中；云台模式不会自动回中；旋钮模式最左边为最小值，最右边为最大值。

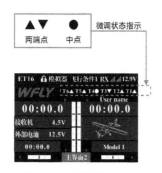

图 3-12　微调状态指示

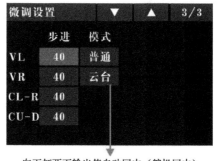

向下打两下输出值自动回中（舵机回中）

图 3-13　微调模式

2. 左、右手油门的更改

控制器按照油门摇杆的位置可以分为左手油门（也称美国手）和右手油

门（也称日本手），不同的人有不同的操作习惯，飞固定翼航空模型时常用右手油门，飞多旋翼无人机航空模型时多用左手油门。左、右手油门的更改可以分为以下三步：

1）油门结构的更改

（1）拔下电池，拧下后盖螺钉，打开控制器后盖。

注意： 控制器拆开后将会失去保修资格，新手请做好充足的准备再行动。

（2）将螺钉3拧松，取下支架5、支架7和弹簧，并将它们安装在另一个总成对应的位置，然后将螺钉3拧紧。螺钉3的高度决定了摇杆的松紧程度，可以进行适当调节（见图3-14）。

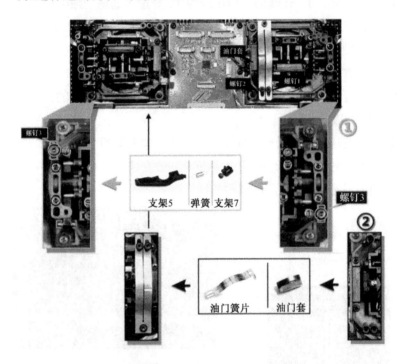

图3-14 控制器内部结构

（3）取下油门簧片上的螺钉、油门簧片和油门套，装在另一个总成的相应位置，根据自己的习惯，选择油门滑动的类型（带齿的和光滑的）并调节螺钉1或螺钉2的高度使油门的阻尼符合自己的操纵习惯。

（4）需要摇杆双回中时，需要再购买一套摇杆配件。

2）参数的更改

油门结构更改完毕后，开机进入"系统设置"，找到"摇杆模式"，选择对应的操作模式，也可以自定义摇杆模式。

3）控制杆校准

更换左、右手油门后务必要进行控制杆校准。开机进入"系统设置"，找到"摇杆校准"，单击"校准"，此操作的目的是校准各个摇杆行程。

3. 接收机

接收机是航空模型的一部分，与控制器搭配使用可以控制航空模型的姿态。另外，接收机还可以回传航空模型的状态信息，如信号值和电池电压值。接收机有四个最基本的通道，包括副翼、升降舵、油门和方向舵。

对于带有起落架和襟翼的固定翼飞机来说，除了副翼、升降舵、油门、方向舵四个基本的通道之外，还可以利用五、六通道来实现其功能，如图 3-15 所示；对于直升机航模玩家，可以利用第五通道来安装陀螺仪，辅助飞机的平衡，如图 3-16 所示；对于多旋翼而言，接收机的一至四通道分别连接飞控的一至四通道，其余通道可以连接一些灯光、云台的信号控制器，如图 3-17 所示。

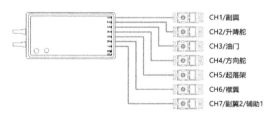

图 3-15　固定翼通道连接示意图

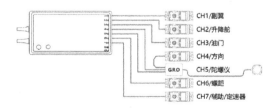

图 3-16　直升机通道连接示意图

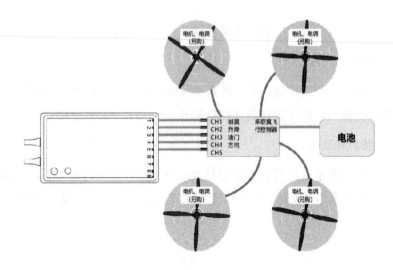

图 3-17　多旋翼通道连接示意图

3.1.2　无刷电机

无刷电机（见图 3-18）广泛应用于航空模型中，其本质是三相交流电机，但是其特性与直流电机类似，属于无刷直流电机中的三相无感电机。航空模型采用无刷电机作为动力系统时，具有体积小、功率高、价格低廉、使用方便等优点。

1. 无刷电机型号

如果某无刷电机的型号为 2212 KV1400（见图 3-19），其中，"22"表示电机定子外径为 22mm，"12"表示定子高度为 12mm，定子的外径和高度值越大，功率越大，如型号为"2216"的电机比型号为"2212"的电机功率大；"KV1400"表示电压每增加 1V，电机空转转速增加 1400 转。

2. 无刷电机与螺旋桨的搭配

不同型号的无刷电机适用于不同的场景，只有与合适型号的螺旋桨搭配才能发挥其最大的作用。在固定翼航空模型中，选用 KV 值较低的电机搭配较大的螺旋桨，目的是提高效率；在三角翼航空模型中，由于航空模型翼展较小，KV 值低的电机扭矩过大，航空模型容易偏航，所以选用 KV 值较高的电机搭配较小的螺旋桨，这样可以降低电机的扭矩，提高航空模型的飞行速度，增加航空模型的机动性。

图 3-18　朗宇三代无刷电机　　　　图 3-19　2212 KV1400 无刷电机

例如，在翼展为 1.5m 的塞斯纳固定翼航空模型中，用 2216 KV1400 的电机搭配 8in（1in=0.025m）的螺旋桨，可以提高电机的效率，降低噪声；在翼展 2m 的双发固定翼航空模型（见图 3-20）中，用 2220 KV980 的电机搭配 10in 螺旋桨，可以获得良好的巡航效果。在 F22 三角翼战斗机航空模型（见图 3-21）中，选用 2212 KV2450 的电机搭配 6in 螺旋桨，可以提高航空模型的操纵性，实现横滚、倒飞、急转等高难度动作。

图 3-20　双发固定翼航空模型　　　　图 3-21　F22 三角翼战斗机航空模型

3.1.3　电子调速器

电子调速器简称电调，在航空模型、船模、车模中都是必不可少的设备（见图 3-22）。电调分为有刷电调和无刷电调两种，航空模型中主要使用无刷电调。电调的一端连接电池，另一端连接无刷电机，信号线连接接收机的第三通道，为接收机和舵机供电，起枢纽作用。

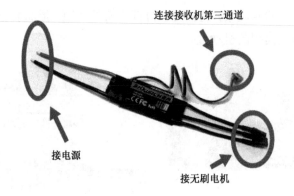

连接接收机第三通道

接电源

接无刷电机

图 3-22　电调

电调的型号应与电机匹配，如果所选电调允许使用电流过小，可能会烧坏电调，2212 系列和 2216 系列的电机可以选择允许使用电流为 30A 和 40A 的电调（见图 3-23 和图 3-24）。

电调与电机相连的三根线分别是正极、负极和信号线。若电机转向与预期相反，可随机对调三根线中两根线的顺序，就可以改变电机转向。对调之前应断开电源，避免发生意外。

图 3-23　好盈 30A 电调

图 3-24　好盈 40A 电调

3.1.4　舵机

1. 舵机内部结构

舵机（见图 3-25）内部由一系列减速齿轮、一个直流电机和一个控制板组成（见图 3-26）。电机高速运转，但是其扭矩较低。减速齿轮负责减速增扭，可以把电机的扭矩放大几十倍甚至上百倍。

图 3-25　舵机

图 3-26　舵机内部

2. 舵机的应用

1）航空模型

（1）控制航空模型姿态。航空模型的飞行和真实的飞机飞行一样，都运用到了空气动力学，基本的控制原理都相同，只不过航空模型的控制方式没有真飞机那样烦琐。在航空模型飞行中，操纵者通过改变舵机臂的摆动来控制操纵面，进而控制航空模型的各种姿态。初始时航空模型机翼两侧升力相同，当两侧舵面向相反的方向摆动时，右侧机翼升力减小，左侧机翼升力增大，航空模型向右滚转（见图 3-27 和图 3-28）。

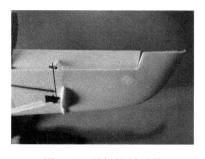

图 3-27　舵机控制副翼

图 3-28　滚转示意

（2）垂直起降航空模型。传统航空模型大致分为两类：一是固定翼航空模型，其拥有良好的气动布局，所以巡航时间长，飞行速度高，在军用和民用领域都有广泛应用，但是起降时需要专用的跑道，导致它无法在复杂的地形环境下起降；二是旋翼航空模型，其可以在狭小的空间上方悬停，在救援救灾、观光旅游等方面发挥了不可替代的作用，但是其飞行速度低、巡航时间短。

垂直起降固定翼航空模型起降方式灵活，搭配先进的飞控系统、动力系统，可以保证起降安全可靠，可用于执行侦察监视、空中预警、干扰和破坏敌方指挥系统等多种作战任务，可以在有限的投入下显著提升对周围地域的控制能力，如V-22"鱼鹰"运输机（见图3-29）。

航空模型的发展同时也促进了测绘行业的进步。执行测绘任务的场所通常在城市或者山林上空，常规布局的固定翼飞机难以起降，使用垂直起降航空模型可以更好地满足需求。舵机在垂直起降航空模型中主要作为倾转机构，实现从多旋翼到固定翼的切换，航空模型在起飞时为Y型多旋翼模式，到达一定高度后切换为固定翼模式，机身碳杆处的电机停止转动，位于机翼两侧的电机同时发生倾转，航空模型由悬停状态改为巡航状态（见图3-30）。

图 3-29　V-22"鱼鹰"运输机

图 3-30　多旋翼模式切换为固定翼模式

2）车模、船模

舵机在车模、船模中也承担着重要的作用，通过连杆与船模上的方向舵相连，以控制行驶方向（见图3-31）。车模在转弯过程中，车轮会承受非常大的扭矩，难以转向，所以车模中的舵机要比其他模型中的舵机功率更大（见图3-32）。

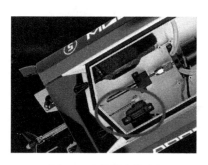

图 3-31　船模中的应用

图 3-32　车模中的应用

3）编程机器人、机械臂、云台

（1）可编程机器人。通过仔细观察我们不难发现，可编程机器人的主体主要由舵机和铝合金连接件组成，背部有计算机系统，负责处理和传递信息。舵机在可编程机器人系统中主要承担执行功能，使用的舵机越多，可控制的自由度越大，就越能模拟人的活动（见图 3-33 和图 3-34）。

图 3-33　"踢球"动作

图 3-34　"举重物"动作

（2）机械臂。利用舵机和连接件，搭配不同功能的结构，可以制作出各种型号的机械臂。现实中的工业机械臂与之原理相同，实现了从理论到实际的转化，精度更高，但是价格更昂贵（见图 3-35～图 3-37）。

（3）云台。云台的应用范围很广，常见的应用场景有监控、摄影摄像，在摄影中的主要作用是作为稳定器降低颠簸，从而获得更好的画质；在监控领域应用时主要用来改变摄像头的角度，获取不同的视角（见图 3-38）。

图 3-35　带有夹具的机械臂　　　　图 3-36　带有吸盘的机械臂

图 3-37　装配流水线上的机械臂　　　　图 3-38　云台

3.1.5　锂电池

航空模型对电池的放电倍率要求较高,锂电池分为动力电池和容量电池,只有动力电池的放电倍率能达到几十倍,可以满足使用需求。大多数航空模型使用格式 2300mAh 聚合物锂电池(见图 3-39),其放电倍率可以达到 45C。聚合物锂电池具有能量高、小型化、轻量化等优点,但是使用时需要特别注意,过充和过放都会对电池造成损害。

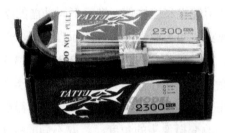

图 3-39　格式 2300mAh 聚合物锂电池

航空模型常用的另一种电池为三元锂电池，它的放电程度较高，在新能源汽车上也有广泛的应用。三元锂电池正极部位有泄压阀，电池短路时可以泄压，减小对其他电池的影响，由于远航航空模型巡航时电流较小，所以常常选用 18650 三元锂电池（见图 3-40）或 21700 三元锂电池作为航空模型的动力源。

图 3-40　18650 三元锂电池

3.1.6　充电器

聚合物锂电池在航空模型中应用广泛，它的放电倍率高，在电池的日常维护中需要用到具有电压平衡功能的充电器。航空模型电池都带有专门的平衡头充电口，充电器可以为每块电芯充电，电池平衡头如图 3-41 所示。常用的充电器有 B6 充电器、外场充电器和 BC 充电器。

（1）B6 充电器（见图 3-42）。B6 充电器在航空模型实验室中比较常用，它支持 1S-6S 的锂电池，可以同时为多块锂电池充电，还可以为电池放电。电池长期不用时需要将单片电芯电压降至 3.7V，有助于电池的长期存储。

（2）外场充电器（见图 3-43）。外场充电器需要搭配电包使用，通常使用磷酸铁锂电包作为电池的备用充电源。外场充电器具有充电速度快、携带方便等优点，但是价格昂贵。

（3）BC 充电器（见图 3-44）。BC 充电器可以为 2S、3S、4S 的锂电池充电，其价格便宜、性价比较高，可以满足大多数航空模型爱好者的需求。

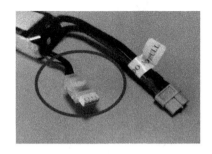

图 3-41　电池平衡头

图 3-42　B6 充电器

图 3-43　外场充电器

图 3-44　BC 充电器

3.1.7　BB 响

BB 响（见图 3-45）主要用来测量电池电压、检测每块电芯的状况，避免因过度放电导致电池损坏。

图 3-45　BB 响

1. BB 响显示说明

将电池平衡头插入 BB 响，平衡头正极在右侧。BB 响首先显示"ALL"，接着显示电池总电压（见图 3-46）。例如，显示"11.6"，表示电池总电压是 11.6V。

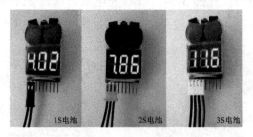

图 3-46　使用示例

然后 BB 响显示"NO1"，提示接下来要显示第一节电池的实际电压。例如，显示"4.02"，表示测量到的第一节电池的实际电压是 4.02V。最后，依次显示"NO2"及其应的电压、"NO3"及其对应的电压。

2. 电压报警设置

（1）将 BB 响插入电池平衡头。

（2）设定电压的按钮是两个蜂鸣器中间的黑色按钮，按下后会循环显示数值。例如，当 BB 响显示设定电压为 3.6V 时，按下按钮，屏幕会显示 3.7V，此时就将报警电压修改为 3.7V 了。以此类推，如果想要将 BB 响设定在 3.2V 时报警，就将按钮按到显示 3.2V 时为止。显示相应的值后停止操作，系统会自动保存用户当前的设定值，几秒后恢复显示当前实际电压。

3.2　进阶电子设备

当我们能够熟练地通过目视操纵航空模型飞行各种航线后，可以对航空模型进行进一步的探索。例如，制作一架垂直起降航空模型，需要用到飞控来控制航空模型姿态的稳定和电机的倾转、用图传来传输实时图像、用 GPS 来实现航空模型的定位、用高频头来增加遥控距离等。所以，要想体会飞行的乐趣，仅仅让航空模型飞起来是不够的。

3.2.1　飞控

1. 飞控的作用

飞控最基本的功能是保证航空模型的平衡，辅助操纵者驾驭航空模型，降低航空模型新手失误的概率。需要注意的是，飞控在目视飞行中不是必须要准备的设备，虽然它可以辅助新手飞行，但并不能一劳永逸。资深的航空模型玩家不需要飞控，他们可以体会到更多的飞行乐趣。NX3 飞控属于初级飞控，只有保证航空模型平衡这一单项功能，但是它的价格便宜，性价比较高（见图 3-47）。

在超视距飞行时，航空模型的飞行距离能达到几十千米甚至更远，显然，入门级飞控已经不能满足操纵者的需求了，需要更高级别的飞控，搭配 GPS、空速计等配件，再通过地面站对航空模型的飞行数据参数进行调整，才可以在航空模型飞行过程中实时监测航向、高度和速度。超视距飞行常用的是开源飞控，它可以通过地面站软件增加不同的命令，如手动抛飞、失控返航、航点规划（见图 3-48 和图 3-49）。

图 3-47　NX3 飞控

图 3-48　F405-WING 飞控

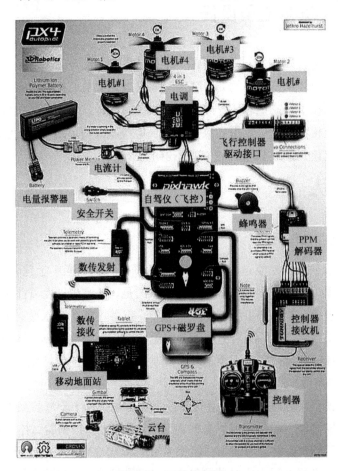

图 3-49　飞控接线图

2. 飞控常用的调参软件

市面上常见的开源飞控调参软件主要有 Betaflight Configurator、Q Ground Control、Mission Planner 三种地面站，每种地面站都有独特的优势。熟练掌握地面站的调参可以提高飞行体验。

在穿越机的调参中，Betaflight Configurator 地面站应用最多，它可以快速调整航空模型参数，许多飞控也用它烧写固件（见图 3-50）；Q Ground Control 地面站最大的好处是可以在手机上安装相应的安卓软件，操纵者可以轻松地操纵航空模型执行航点任务（见图 3-51）；Mission Planner 地面站是常用的编程软件，很多飞控程序的二次开发都是在 Mission Planner 地面站中完成的（见图 3-52）。

图 3-50　Betaflight Configurator 地面站

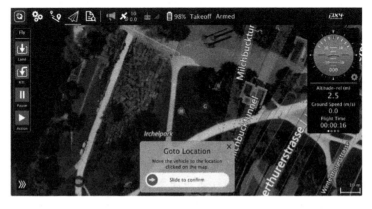

图 3-51　Q Ground Control 地面站

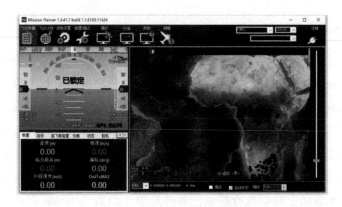

图 3-52   Mission Planner 地面站

3.2.2   高频头

航空模型控制器在设计之初主要为了满足目视飞行时控制航空模型,所以多数控制器的发射功率较低,通常为 25mW,这就导致信号传输距离较短,难以满足超视距操纵者的需求。加之航空模型容易被建筑物和树木遮挡,失控的概率大大增加。航空模型高频头的类型有许多种,其功能强大,但最基本的功能是放大控制器信号。

1. 不同功能的高频头

(1)多协议高频头。不同品牌控制器内置的协议不同,想要用一个控制器控制搭配了不同接收机的航空模型,就需要用到多协议高频头。四合一高频头(见图 3-53)支持华科尔 DEVO、地平线 DSM2、富斯、易思凯、睿思凯、伟力、哈博森、驰远、Futaba SFHSS Assan 等协议。

(2)增程高频头。黑羊高频头(见图 3-54)是专业的增程高频头,具有延迟低、穿越能力强、支持双向通信等优点。高频头功率从 10mW 到 2W 可调,需要外接电池才能满足发射要求。

(3)数遥一体高频头。思翼 FM30 数遥一体高频头(见图 3-55),具有超远距离、自适应带宽、自动避干扰跳频、双向遥测等特点,其内置蓝牙功能可以通过手机地面站 App 进行航空模型信息的查看和参数调整,可搭配可抗大功率电磁干扰的射频硬件,地对空最大飞行距离大于 30km,可以在树林、赛道、车库等多遮挡、重干扰的环境中有效保证低空操控稳定性。

2. 高频头的使用

（1）固定好高频头，安装好天线。控制器后盖有高频头插口，在控制器上开启外置高频头选项。若是多协议高频头，则输出按照默认协议列表和接收机类型，把高频头旋钮（手柄有竖槽一侧）拨到对应的挡位（见图 3-56）。

（2）完成对频后，打开控制器电源开关，高频头上的红色指示灯会常亮，高频头开始正常工作，之后再打开接收机或者航空模型。

（3）多协议高频头在正常使用中不能切换协议，如果需要切换协议，需要先断电，调整旋钮，选择所需要的协议后再重新上电。如果没有有效的 PPM 信号输入，红灯会慢速闪烁。

图 3-53　四合一高频头

图 3-54　黑羊高频头

图 3-55　思翼 FM30 数遥一体高频头

高频头插口

图 3-56　使用示例

3.2.3　定位模块

1. GPS 模块

GPS 是美国 20 世纪 70 年代开始研制的卫星导航与定位系统，耗时 20 年，由 24 颗高度为 2.02 万千米的卫星组成，全球覆盖率达 98%，具有高精度、全天候、使用广泛等特点。BN-280 GPS 模块可以使航空模型实现定点悬停，操纵者也能通过它准确定位航空模型（见图 3-57）。

2. RTK 模块

高精度的 GPS 测量必须采用载波相位观测值，RTK 定位技术是基于载波相位观测值的实时动态定位技术，其定位精度可达厘米级。在作业模式下，基站将观测值和测站坐标发送给流动站，流动站接收基站的信息，并不断采集 GPS 数据，最后在系统内组成差分观测值进行实时处理。通过 RTK 模块（见图 3-58）上的开关可以将模块设置为基站或流动端。

图 3-57　BN-280 GPS 模块

图 3-58　RTK 模块

航空模型使用 RTK 模块时，首先用一个模块充当基站（见图 3-59），通过蓝牙连接计算机；然后另取一个模块，安装在飞控的 GPS 插口上，充当移动端（见图 3-60）。

打开 Mission Planner 地面站，在【初始设置】→【可选硬件】→【RTK/GPS Inject】中选择 COM3 接口，波特率设置为 115200，然后单击"Connect"（见图 3-61）。

图 3-59　基站模块　　　　　　　　　图 3-60　移动端模块

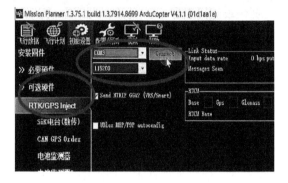

图 3-61　连接 RTK 模块

模块连接成功后会显示信号图（见图 3-62），同时在主页面的 GPS 提示部位显示"rtk Fixed"（见图 3-63）。

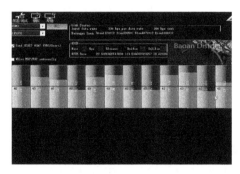
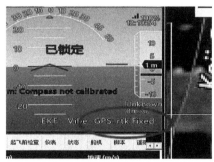

图 3-62　信号图　　　　　　　　　　图 3-63　GPS 提示

航空模型定位后地图上会更新实时位置。自建基站的传输距离为 2～3km，飞行时应尽量选择空旷无遮挡的地方（见图 3-64）。

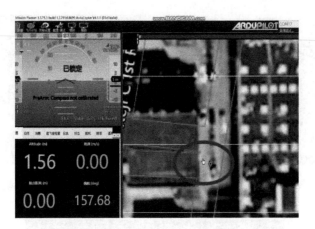

图 3-64　航空模型飞行时定位显示

3.2.4　图传天空端与地面端

1. 天空端

航空模型图传是超视距飞行中不可缺少的设备之一，它的主要功能是采用适当的视频压缩技术、信号处理技术、信道编码技术、调制解调技术等，将航空模型拍摄现场的实时画面通过无线传输的方式发送到接收端。航空模型图传系统分为天空端和地面端。

航空模型图传天空端按传输方式可分为数字图传和模拟图传两种。数字图传的视频传输方式通过 2.4G 或 5.8G 的数字信号进行，优点是图像的传输质量高，缺点是价格昂贵、视频传输延时较高。专业的穿越机比赛选手要求图像的传输延时在 30～50ms 内，但数字图传的延时通常在 100～200ms 内，不能应用在专业比赛上。大疆数字图传（见图 3-65）集成度高、重量轻，视频传输距离为 2～10km；网卡式数字图传（见图 3-66）理论上在有基站信号的地方都能传输视频，但是延时较高，适合固定翼 FPV。

图 3-65　大疆数字图传（天空端）

　　模拟图传没有视频的编码和解码，只要图传发射端和接收端在同一个频段上就可以传输图像，其优点是价格便宜、延时低，缺点是工作频段相同时非常容易受到干扰，传输的图像质量相对数字图传低。熊猫模拟图传（见图 3-67）功率为 25～800mW 可调。

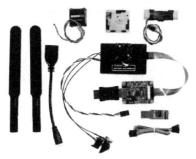

图 3-66　网卡式数字图传（天空端）　　　　图 3-67　熊猫模拟图传

2. 地面端

　　图传地面端负责接收图传信号，图传信号格式有数字信号和模拟信号两种，地面端相应地有数字接收端和模拟接收端。

1）数字地面端

　　大疆数字图传眼镜（见图 3-68），专为穿越机设计，目前已经发展到第三代，体积也有所减小。高清的画质可以使佩戴者身临其境地感受飞行的乐趣，大疆眼镜接收画面如图 3-69 所示。

图 3-68　大疆数字图传眼镜　　　　图 3-69　大疆眼镜接收画面

思翼 HM30（见图 3-70）是一款专为远航 FPV 设计的高清数字图传，接收距离为 30～40km，优点是不需要自带屏幕，通过数据线或 WiFi 就可以连接手机和平板（见图 3-71 和图 3-72）。

图 3-70   思翼 HM30

图 3-71   思翼 HM30 接收的画面

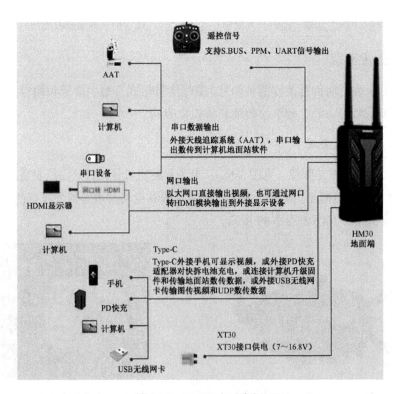

图 3-72   HM30 串口介绍

2）模拟地面端

模拟地面端也有眼镜和屏幕两种选择。在数字图传出现之前，模拟图传眼镜一直是赛场的主流选择，如肥鲨眼镜（见图 3-73）。鹰眼小飞手屏幕可以自动搜频，屏幕亮度较高，在户外阳光下也能看清图像（见图 3-74）。

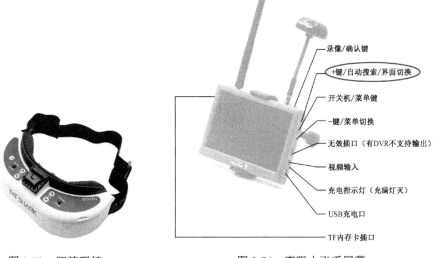

录像/确认键

+键/自动搜索/界面切换

开关机/菜单键

－键/菜单切换

无效插口（有DVR不支持输出）

视频输入

充电指示灯（充满灯灭）

USB充电口

TF内存卡插口

图 3-73 肥鲨眼镜   图 3-74 鹰眼小飞手屏幕

第 4 章

双发豚鼠号航空模型的制作

4.1　概况

早期的螺旋桨飞机及一些喷气式飞机都是单发结构，机动性较好。随着人们需求的不断增加，双发飞机逐渐发展。采用双发动机及正反螺旋桨，使飞机的载重和稳定性都有了很大提高（见图 4-1）。

图 4-1　双发飞机

4.1.1　航空模型参数

豚鼠号航空模型翼展 1.5m，机身长 1.2m，机翼面积 0.348m²，采用双发式布局，动力充足，无反扭力；材质为 KT 复合板，在保证韧性的同时减轻了航空模型的重量；机翼和机身之间用橡皮筋固定并且能够拆卸；机翼内部加装碳纤维杆，水平尾翼用层板加强，降落时不易损坏。豚鼠号航空模型机身内部空间大，更大的机身提供了更多的浮力，本章将利用豚鼠号航空模型（见图 4-2）改装一架水上航空模型。

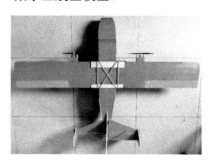

图 4-2　豚鼠号航空模型

4.1.2 材料准备

作者利用激光切割机切割出板材，对于个人玩家来说，从网上购买是最佳的选择，可以节省很多时间（见图4-3）。制作豚鼠号航空模型所需的主要材料为：两个40A电调、两个2212 KV1400无刷电机、一对8in正反螺旋桨、四个银燕金属舵机、机翼碳杆、延长线、电机座、尾翼加强片和侧板加强片等（见图4-4）。

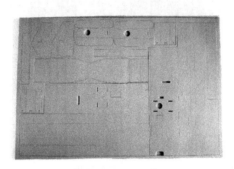

图4-3 飞机板材（部分）

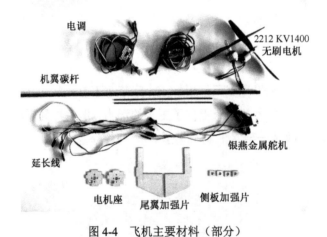

图4-4 飞机主要材料（部分）

4.2 机翼的制作

机翼的制作分为两部分，一是主机翼的制作，二是电机盒的制作与安装。

机翼细节较多，制作时需要细心。另外，为增加机翼的强度，机翼内部加装了一根直径为 6mm 的碳杆。

4.2.1　主机翼的制作

1. 加强副翼

首先从板材中找到机翼部件。整个机翼分为上翼面和下翼面，在对折处用激光切割机进行一定深度切割，孔位也有相应的作用，制作时需要细心处理（见图 4-5）。

用美工刀切下副翼，沿着切线修出一条 45°的斜边，方便副翼的摆动。用胶带在切割部位将机翼和副翼做加强处理。此步骤尤为重要，因为 KT 复合板覆膜在受力时容易与内部的泡沫板分离，时间一长，舵面容易整块脱落，对飞行有较大影响（见图 4-6）。

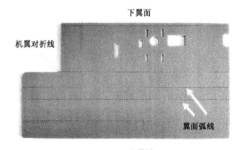 

图 4-5　机翼部件　　　　　　　　图 4-6　加强副翼

2. 切割机翼对折线

机翼板材中有三条虚线，其中两条是弯折机翼弧度的翼面弧度线，最短的一条为机翼对折线。首先在机翼背面每条虚线部位粘贴一条胶带，避免机翼在对折时崩裂（见图 4-7）。

然后在机翼对折线两边切取一定斜度。切割面较大，可以用砂纸进行适当打磨，保证斜面光滑。斜度的大小要保证机翼可以轻松对折，避免对折线处过度受力（见图 4-8）。

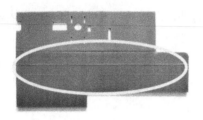

图 4-7　粘贴加强胶带

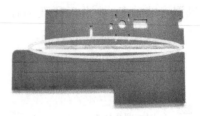

图 4-8　切割对折线

3. 修整翼面弧度线

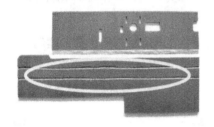

图 4-9　压出凹槽

豚鼠号航空模型机翼为平凸机翼，拥有良好的升力。板材上画好翼面的弧线，缝隙较窄，若直接对折，机翼表面会有很大的张力，可以用一根木棒沿着切好的翼面弧度线下压，压出具有一定宽度的凹槽（见图 4-9），再次对折机翼就可以做出具有一定弧度的机翼上翼面。

4. 粘接机翼后部缘条

缘条（见图 4-10）已经与机翼下翼面一起整体切割下来，只需沿虚线切下缘条，将缘条粘接到下翼面即可（见图 4-11）。缘条可以与机翼内部的翼梁配合，保证上翼面弧度的平整。

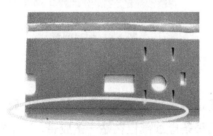

图 4-10　缘条

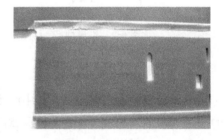

图 4-11　粘接缘条

5. 粘接机翼

做出两侧机翼后用热熔胶粘接两侧机翼（见图 4-12）。粘接时最好在平整的地面上进行，这样可以获得较好的平整度。

6. 粘接翼梁

翼梁由两层 5mm 的 KT 复合板组成，翼梁粘接在机翼中间，机翼对折后起支撑翼面的作用（见图 4-13）。将热熔胶均匀涂抹在翼梁两侧（注意：不要涂抹中间），后期需要在中间位置加装机翼碳杆。

图 4-12 粘接两侧机翼   图 4-13 制作翼梁

机翼碳杆长度为 1m，将翼梁均匀粘接到上翼面上，最两端的翼梁要长于机翼碳杆，使机翼碳杆整体嵌入翼梁中（见图 4-14）。

注意： 翼梁要与翼面两边的凹槽对齐，否则机翼后期不易对折。

图 4-14 粘接翼梁

7. 加装碳杆

豚鼠号航空模型的机翼由 KT 复合板制作而成，重量较轻。虽然平凸机翼也可以承载一定的重量，但是实验证明，仅仅由 KT 复合板制作的机翼还达不到足够的强度，在大风天气或急转弯的情况下机翼极易折断。在机翼内部加装碳杆，组成复合结构，可以提高机翼强度。

将碳杆放到翼梁的相应位置，注意两端间距，然后用记号笔描出碳杆的轮廓，最后用美工刀沿着画线处将多余的材料切除（见图 4-15）。

此处使用的碳杆外径为 6mm，在空槽中涂上热熔胶后放入碳杆，并在碳杆外围涂上热熔胶加固（见图 4-16）。

图 4-15　切出空槽

图 4-16　加装碳杆

8. 挖水鞋支柱孔

水鞋支柱孔可方便后期安装水鞋。首先对折机翼（见图 4-17），标出水鞋支柱孔孔位；然后打开机翼，用美工刀切除多余材料（见图 4-18）。

图 4-17　对折机翼

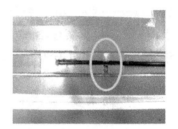
图 4-18　切除多余材料

9. 粘接上翼面

首先在翼梁上部涂上热熔胶，并迅速将上下两翼面对折，用手或重物压紧机翼，直至热熔胶冷却。此时，机翼还未粘接完成。掀开翼面，用热熔胶再次加固机翼内部翼梁（见图 4-19），最后在缘条上涂抹热熔胶，合上最后一部分上翼面（见图 4-20）。

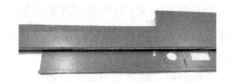
图 4-19　加固翼梁

图 4-20　粘接翼面

10. 粘接副翼

在副翼连接处的上下两个翼面涂抹热熔胶，并用胶带进行整体粘接（见图 4-21），可以很好地防止机翼翼面分离，最后用胶带粘接副翼。取一段胶带，先将一侧粘到副翼上，另一侧用手指掰着，逐渐靠近机翼，使副翼与机翼之间留 1mm 左右的间距，再将另一半胶带粘到机翼上（见图 4-22 和图 4-23）。

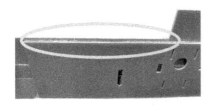 

图 4-21　加固上下两个翼面　　　　图 4-22　机翼正面

11. 安装机翼舵机

（1）机翼的制作需要用到两个舵机，为了保证航空模型的可靠性，采用银燕金属舵机，取两根长度为 30cm 的舵机延长线连接舵机信号线。舵机线通过舵机孔穿过机翼的内部。然后将舵机安装到机翼的相应位置，四周用热熔胶固定（见图 4-24）。

图 4-23　机翼反面　　　　　　图 4-24　安装舵机

（2）安装舵角和快调。副翼的相应位置预留了舵角的孔位，安装上舵角并用热熔胶固定。截取一段钢丝，用 Z 字钳或平口钳弯折钢丝（见图 4-25）。

注意：Z 形端口长度不应过长，否则容易导致舵机虚位（见图 4-26）。

（3）安装快调并调整长度。螺母处涂抹航空模型专用泡沫胶，泡沫胶有足够的黏性和一定的韧性，可以保证舵机摆动过程中螺母不会脱落，拆卸时泡沫胶也不会残留在螺钉上（见图 4-27）。

图 4-25　安装舵角

图 4-26　Z 形端口

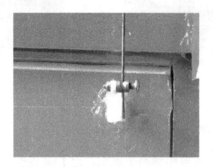

图 4-27　涂泡沫胶加固

4.2.2　电机盒的制作与安装

1. 准备材料

从板材中找出电机盒部件（见图 4-28），电机盒分为上下两个盖板。用美工刀沿画好的虚线切去多余部分（见图 4-29）。

注意：不要将电机盒背面的覆膜切坏。

图 4-28　电机盒部件

图 4-29　修整

2. 粘接电机盒

将下半部分电机盒粘接好（见图4-30），粘接的同时将电机座嵌入（见图4-31），并用热熔胶加固四周。

注意：电机座的左右方向不能调换，在安装之前应先预装电机，以确保电机的三根线能顺利穿过电机座。

图4-30 粘接下半部分　　　　　图4-31 嵌入电机座

3. 安装电机

安装电机之前，应先通电检测电机的动平衡，然后按照电机孔位安装好电机（见图4-32）。最后，连接电调，根据电机转向选择正螺旋桨或者反螺旋桨（见图4-33）。

图4-32 安装电机　　　　　图4-33 选择螺旋桨

将上半部分电机盒拼装完整，这部分电机盒结构紧凑，不太容易制作，可以将边缘修平整后再制作（见图4-34）。上半部分制作好之后，将其与下半部分电机盒合并（见图4-35）。

将电调和延长线穿过机翼内部，并将电机盒与主机翼粘接到一起（见图4-36），四周用热熔胶固定。舵机和机翼两个电调分别用Y线连接（见图4-37），分别使用接收机的第一通道和第三通道。机翼和机身之间要用橡皮筋连接，为了防止机翼变形，可以在机翼相应位置贴上垫片（见图4-38）。

图4-34　粘接上半部分电机盒

图4-35　合并电机盒

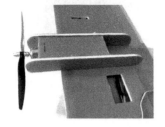

图4-36　粘接电机盒与主机翼

图4-37　连接Y线

图4-38　主机翼完成图

4.3　机身的制作

机身的制作主要分为机头的制作、机舱的制作和尾翼的制作三部分。机头部位曲线较多，在制作的过程中要注意热熔胶的用量；机身的制作步骤较少，制作过程简单，需要注意的是两块板的粘接位置；尾翼分为水平尾翼和垂直尾翼，操纵面的处理方式与副翼的处理方式相同。

4.3.1　机头的制作

（1）找出机头部件，机头部件由两个侧盖和一块展开的平面组成（见图4-39）。

（2）将平面边缘修整好之后，先粘接底面（见图 4-40），然后沿着一侧向上涂抹热熔胶，一直粘接到虚线处，将板材向内弯折，即可做出驾驶舱的曲面（见图 4-41）。

图 4-39　机头部件　　　　　图 4-40　粘接底面　　　　　图 4-41　粘接驾驶舱

4.3.2　机舱的制作

1. 粘接主机舱

（1）找出主机舱段（见图 4-42），机舱侧板有支持碳杆穿过的孔位，可以提前用层板垫片加强。用胶枪在层板上涂抹一层热熔胶，然后再将加强片粘接到孔上（见图 4-43）。

图 4-42　机舱段　　　　　　　　　图 4-43　修整并贴加强垫片

（2）将机舱上层底板涂上热熔胶，粘接侧板，需注意侧板与上底板的相对位置。为了保证机舱的垂直度，可以用一块直角形板材作为参照（见图 4-44）。

（3）粘接机舱与机尾的过渡段，机舱的下底板还未粘接，内部有足够的空间可供胶枪打胶（见图 4-45）。

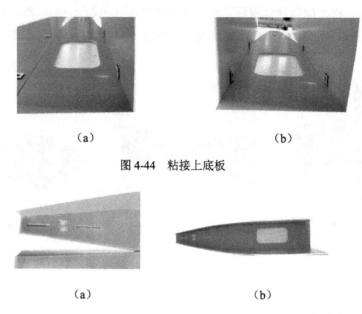

图 4-44　粘接上底板

（a）　　　　　　　　　　　（b）

图 4-45　粘接尾段

（4）机舱的上底板粘接好之后，粘接机舱与机尾部分的下底板（见图 4-46）。此处的热熔胶用量较多，可以将胶枪的温度适当提高。

（a）　　　　　　　　　　　（b）

图 4-46　粘接下底板

2. 粘接电池舱与机头卡口

（1）找出所需要的部件，然后用美工刀切除多余部分（见图 4-47）。

（2）粘接电池舱与机头卡口（见图 4-48 和图 4-49）。

注意：粘接时两侧板材的位置，必要时进行预装。

图 4-47　电池舱部件　　　　图 4-48　粘接电池舱　　　　图 4-49　粘接机头卡口

（3）将粘接好的部件安装到机舱中。电池舱和机头卡口伸出一定长度并用热熔胶固定（见图 4-50）。

（4）用胶带加固电池舱，并在合适位置贴上魔术贴（见图 4-51），方便放置电池。需要用两块容量为 2300mAh 的 3S 锂电池。

图 4-50　安装电池舱　　　　　　　　图 4-51　贴魔术贴

（5）截取两根直径为 5mm、长度为 30cm 的碳杆，将其插入预留好的孔位中（见图 4-52），分别在机身外侧和内侧用热熔胶固定碳杆（见图 4-53），以免碳杆发生偏移。

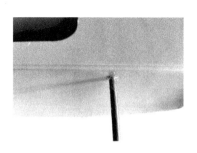

图 4-52　插入碳杆　　　　　　　　图 4-53　固定碳杆

（6）安装机头与机身（见图 4-54），检查机头位置是否合适，是否能安装到位。后期要进行防水处理，机身与机头会用胶带密封，电池可以从机舱上部的开口处进行拆卸。

取四根橡皮筋，先用两根橡皮筋交叉成 X 形固定机身与机翼（见图 4-55），然后用另外两根橡皮筋做加强。

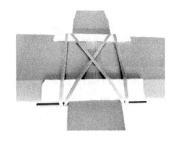

图 4-54　安装机头与机身　　　　图 4-55　用橡皮筋固定机翼与机身

4.3.3　尾翼的制作

（1）找到飞机尾翼部件，包括水平尾翼、垂直尾翼、尾翼加强片等（见图 4-56）。切出尾翼的斜面后用胶带加固，用热熔胶将加强木片粘接到尾翼相应位置（见图 4-57）。

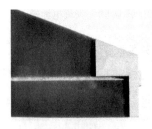

图 4-56　尾翼部件　　　　　　　图 4-57　加固尾翼

（2）用热熔胶将水平尾翼和垂直尾翼进行粘接，用直角板检查垂直度（见图 4-58）。

（3）在机尾部涂上热熔胶，将粘接好的尾翼安装到机尾处（见图 4-59）。

注意：尾翼上的舵机孔应与机尾处的舵机孔重合（见图 4-60），方便安装舵机。舵机孔位对准后，尾翼的对称度自然也得到了保证。

图 4-58　粘接垂尾　　　图 4-59　安装尾翼　　　图 4-60　舵机孔重合

（4）安装尾翼两端的垂直安定面，然后将最后一块尾翼粘接到相应位置（见图 4-61）。

（a）　　　　　　　　　　　　（b）

图 4-61　安装安定面

（5）用带直角的板材检查安定面的垂直度（见图 4-62）。尾翼两端的垂直安定面在螺旋桨的正后方，对气流的影响较大。

（6）加固尾翼。垂直尾翼和水平尾翼的面积都非常大，但它们与机身的连接部分只有一小部分用热熔胶粘接，飞行过程中容易发生摆动，从而降低舵效。我们需要截取两根长度为 2mm 的碳杆，分别连接垂直尾翼和水平尾翼，在保持尾翼水平的同时与垂直尾翼形成三角形的稳定结构（见图 4-63）。碳杆要完全穿过尾翼，否则碳杆容易脱落，最后用热熔胶固定（见图 4-64）。

图 4-62　检查垂直度　　　　　　　图 4-63　安装碳杆

（7）安装尾翼舵机和连杆，用热熔胶固定（见图4-65和图4-66）。快调的螺母处用泡沫胶均匀涂抹。

（8）航空模型机身整体制作完成（见图4-67）。

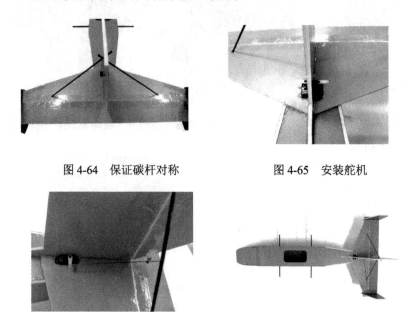

图 4-64　保证碳杆对称　　　　图 4-65　安装舵机

图 4-66　安装连杆　　　　图 4-67　机身整体

4.4　水上航空模型的改装

豚鼠号航空模型机身空间大，可以在机身后部开口，做成空投航空模型。另外，充足的内部空间也可以提供更多浮力，适合改装为水上航空模型，增加飞行乐趣。改装水上航空模型时，为了保证航空模型的平衡，机翼两边需要加装辅助平衡的浮筒。

4.4.1　浮筒的制作

（1）找出浮筒部件（见图4-68）。浮筒分为主体和支柱两部分，还要用碳杆加固，先修整浮筒部件多余的部分。

图 4-68　浮筒部件

（2）粘接主体部件（见图 4-69）。先粘接上半部分，然后再粘接底部（见图 4-70），粘接时注意位置。

（3）粘接支柱（见图 4-71）。用胶枪在制作支柱的 KT 复合板上涂抹热熔胶，然后将板材对折，最后用胶带加固。将做好的主体和支柱用胶带做好防水（见图 4-72）。

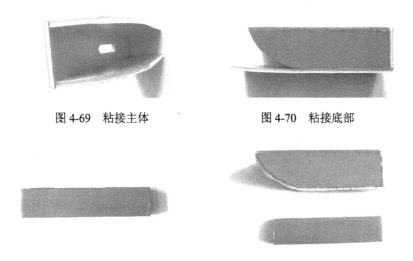

图 4-69　粘接主体　　　　　　　图 4-70　粘接底部

图 4-71　粘接支柱　　　　　　　图 4-72　防水处理

在支柱和主体拼接的部位用热熔胶填充，做好防水处理，按照同样的方法制作出另一个浮筒（见图 4-73）。

将浮筒安装到机翼两侧，浮筒的高度应与机舱对齐（见图 4-74）。由于支柱相对较长，仅靠热熔胶还不足以将支柱固定牢固，所以每个浮筒两侧都要用两根碳杆支撑。

图 4-73　浮筒

图 4-74　安装浮筒

4.4.2　机身防水

将航空模型机身底部拼接处用热熔胶枪修平整，然后用胶带沿着边框依次做好防水处理（见图 4-75）。机头与机身连接处可以直接粘接，电池从机身上部的预留孔拆装。

改装好航空模型后，再次检查航空模型的各个部件及机身各处的防水，确定无误后即可通电调试（见图 4-76）。

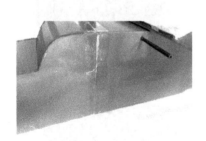

图 4-75　机身防水

图 4-76　改装好的航空模型

4.4.3　飞机的安装与调试

在控制器上选择新的机型并命名为"TS"（豚鼠）（见图 4-77），方便日后调出使用。将副翼、升降舵、油门、方向舵的信号线依次插入接收机的四个通道（见图 4-78）。

通电后检查舵面（见图 4-79），并将舵面调整为水平状态；然后检查各个通道的方向是否正确。如果方向舵偏右，可以将快调上的螺钉拧松，将舵面调整水平后再拧紧。

图 4-77　选择机型

图 4-78　接收机接线

一切准备就绪后就可以进行试飞了，检查航空模型的动力、舵面，然后进行手动抛飞，在飞行过程中及时调整（见图 4-80）。

图 4-79　检查舵面

图 4-80　手动抛飞

手动抛飞将航空模型调整好后可以进行水上试飞（见图 4-81）。先让航空模型滑行一段距离，因为航空模型在水面上主要靠方向舵改变方向，所以要检查方向舵的舵效，检查无误后航空模型即可起飞。

图 4-81　水上试飞

第 5 章

F22 战斗机航空模型的制作

　　F22 战斗机是美国洛克希德•马丁公司和波音公司共同研制的第五代战斗机，也是世界上第一种投入服役的第五代战斗机，它的隐身性、灵敏性、精确度和作战能力都很高，是一款综合性能极佳的战斗机（见图 5-1）。

　　F22 战斗机航空模型为三角翼 KT 复合板（雪弗板）航空模型（见图 5-2）。F22 战斗机航空模型整体具有制作简单、成本较低、机动性较高等优点。通过 F22 战斗机航空模型的制作与试飞，新手可以快速入门。制作航空模型所用的 KT 复合板重量轻，板材覆膜后可以获得足够的韧性。另外，KT 复合板价格低廉，航空模型损毁后对新手的心理影响小，是制作航空模型的理想材料。

图 5-1　F22 战斗机

图 5-2　F22 战斗机航空模型

5.1　图样的获取

1. 用制图软件绘制图样

　　根据 F-22 战斗机航空模型图样照片绘制成尺寸为 800mm×1200mm 的图样，如图 5-3 所示。

　　注意：KT 复合板航空模型的翼展在 75～85cm 为宜，机身全长约为 1m。

　　图样包括机头和机身的前后两部分、进气舱底面、进气舱侧面、尾翼、垂尾等，图样中圆圈处的结构是电机座固定时使用的结构件，它同时连接了机身和进气舱底面，不仅可以增加结构强度，还可以保持电机稳定。

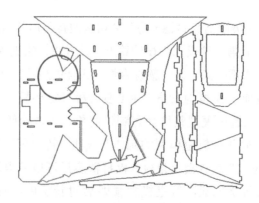

图 5-3 F22 战斗机航空模型图样

2. 网络购买图样

随着科技的进步，信息传播也越来越快，网上商城出现了各种各样的航空模型图样，F22 战斗机航空模型是常见的航空模型，能轻易买到（见图 5-4）。

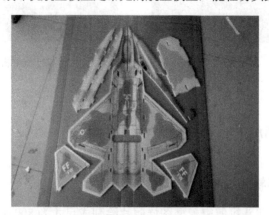

图 5-4 网上商城购买的 F22 战斗机航空模型图样

5.2 F22 战斗机航空模型的制作

5.2.1 准备材料

需要的材料包括 KT 复合板、碳杆、热熔胶、胶枪、透明胶带、2cm 纤维胶带、泡沫胶、铁丝、金属调节器两个、舵角两个、魔术贴两对、25cm 魔术扎带两个、天行者 30A 电调、银燕金属舵机两个、塑料电机座、螺母、2212 KV2450 无刷电机、6in 螺旋桨、容量为 2300mAh 的 3S 锂电池。

5.2.2　机身的制作

1. 准备机身板材

将提前绘制好的图样转换成相应的格式，并将其导入激光切割机，然后根据绘制的图样切割所用的板材，并将各部件取下（见图 5-5）。

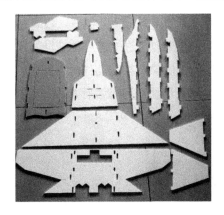

图 5-5　切割好的板材

2. 加固板材

根据飞行经验，我们对易磨损和易断裂位置进行加固，以延长航空模型的使用寿命。在加固的地方尽量保证胶带贴紧板材表面，防止产生气泡和毛边。

1）加固电池的机身处

电池作为整个航空模型单体重量最大的部件，仅靠一层 KT 复合板是不够的，在降落和快速变化速度时，产生的冲力极易让 KT 复合板断裂破损。电池是航空模型动力的来源，用纤维胶带在正反面各贴两道进行加固，胶带的长度要长于电池，注意不要遮挡留孔（见图 5-6）。纤维胶带不易割断，将所需长度的纤维胶带展开后向后折叠，让两面非胶面接触，用美术刀斜着切割折叠处即可（见图 5-7）。

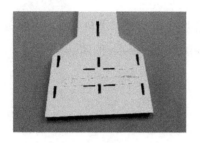

图 5-6　加固电池粘接处　　　　　　　　图 5-7　切割纤维胶带

2）加固进气舱和机头

F22 战斗机航空模型的起飞方式为手抛式，没有起落架的设计。通常航空模型的降落方式为底面硬着陆，进气舱底面在降落时磨损较严重；侧面连接机身处和进气舱底部，在做急速拉升动作时受拉力，容易撕裂，所以进气舱底面和侧面的内外均需要用透明胶带进行加固（见图 5-8 和图 5-9）。

图 5-8　加固侧面　　　　　　　　　　图 5-9　加固底面

用魔术贴固定底板处的开口，方便拆卸电池（见图 5-10）。

航空模型机头部位支撑较少，在着陆时容易断裂，同样需要进行加固处理（见图 5-11）。

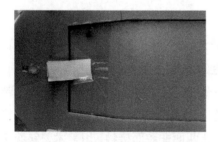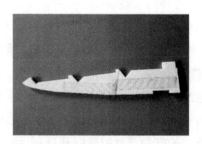

图 5-10　用魔术贴固定底板开口　　　　　图 5-11　加固机头

3）加固垂直尾翼和水平尾翼

进气舱开口处在下方，制作完成的航空模型在更换电池时，可将航空模型进气舱底面向上，这样易于操作。但会使垂直尾翼的上切割面磨损较重，需在垂直尾翼的上切割面包裹一层透明胶带（见图 5-12）。

F22 战斗机航空模型的转弯和升降全部依靠水平尾翼的上下摆动，要想保证航空模型平稳飞行，必须保证水平尾翼的安装精准。首先对水平尾翼进行切斜面处理，方便其上下摆动。处理切斜面前要先将切斜面处的 KT 复合板薄膜揭下，用激光切割机在水平尾翼打出的细线作为切斜面的一条边线，用美工刀沿此边线和下底面边线或 45°左右倾角横向切割（见图 5-13）。

图 5-12　加固垂直尾翼

图 5-13　切割斜面

切割手法生疏或初次切割斜面的人可以先用板材边角料练手，也可以使用锉刀进行打磨。使用锉刀打磨，与切割相似，沿着上切割边线和下底面边线成 45°左右倾角斜向下轻轻磨打。使用锉刀可以在保持角度的同时摆动，增加锉刀与板角的接触面积，这样得到的斜面会较为平整，也不易损坏（见图 5-14 和图 5-15）。

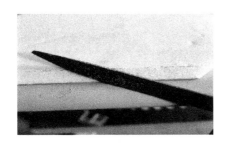

图 5-14　使用锉刀

图 5-15　切好的斜面

3. 组装粘接

（1）将胶枪装上胶棒并摆放在安全的位置，接入电源预热胶枪。用预热好的胶枪进行粘合，粘合过程中要保持出胶速度。先在机头处均匀涂抹热熔胶，然后放入合适长度的碳杆（见图 5-16），目的是增加机身强度。在上半机身处同样涂抹好热熔胶，然后与机头对接。为了保证水平，可以将粘好的板材平放到地上，待热熔胶冷却后再取下。如热熔胶固化较慢，可使用吹风机冷风加速固化。将下半机身用同样的步骤与上半机身粘接（见图 5-17）。

 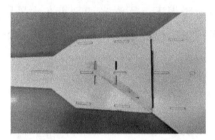

图 5-16　放入碳杆　　　　　　　　图 5-17　粘接机头与机身

注意： 为防止制作完成的机体过重，用胶量不宜过大，粘合涂匀即可。

（2）粘接机头与机身侧板。将机身侧板安装进机身中，在侧板的两边涂抹上热熔胶，用手将侧板向内挤压，目的是保证机身底板更好地与侧板粘接（见图 5-18）。机头的粘接相对简单（见图 5-19），在电机安装部位有一个小部件，可按图 5-20 粘接。

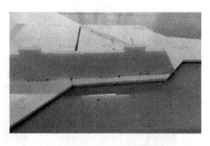 

图 5-18　粘接侧板　　　　　　　　图 5-19　粘接机头

（3）粘接底板（见图 5-21）。底板的宽度较窄。由于侧板在粘接时向内倾斜了一定角度，所以底板可以方便地卡入侧板中，用热熔胶粘接。

图 5-20　粘接小部件

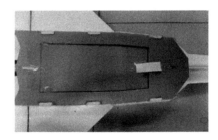

图 5-21　粘接底板

（4）粘接垂直尾翼（见图 5-22）。垂直尾翼不可完全竖直安装，应该与机身成一定夹角，这样会更美观。

（5）粘接水平尾翼（见图 5-23）。将水平尾翼放入对应位置，与机身保持 1～2mm 的接缝，方便舵面摆动，然后用胶带粘接。

图 5-22　粘接垂直尾翼

图 5-23　粘接水平尾翼

5.2.3　电子设备的安装

（1）安装电机。将电机用螺钉固定在电机座上，然后将电机座安装到机身对应位置，保证电机的上下垂直和左右水平，然后用热熔胶在电机座四周加固（见图 5-24）。

（2）安装舵机（见图 5-25）。将舵机安装到舵机孔中，四周用热熔胶固定。注意热熔胶的用量，过多会导致后期拆卸不便。舵机线要紧贴机身侧板，用热熔胶固定，防止螺旋桨打到舵机线（见图 5-26）。

将电调和两个舵机插入接收机的对应位置，电调接三号接口，两个舵机分别接一号接口和二号接口。将控制器调到固定翼飞机中的三角翼模式，将电池与电调相连后舵机会自动回到中点。确保将控制器微调全部调为中点，这时如果舵机臂不在中间位置，可以用螺钉旋具拧下舵机臂调整（见图 5-27）。

图 5-24　粘接电机座

图 5-25　安装舵机

图 5-26　固定舵机线

图 5-27　调整舵机

（3）装配舵机拉杆。用钳子剪两段长 20～25cm 的铁丝，一头用钳子折成 Z 形（见图 5-28）。

将舵角和快调安装在水平尾翼的合适位置，四周用热熔胶固定（见图 5-29）。

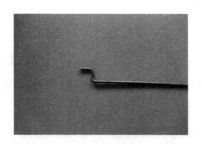

图 5-28　制作舵机拉杆

图 5-29　安装舵角和快调

将折好的 Z 形铁丝穿过舵机摇臂最上端的孔，另一边穿过金属调节器，连接电池，确保舵机归中，调整水平尾翼使其与机身保持同一水平位置，然后拧紧金属调节器的螺钉来紧固铁丝，最后将过长的铁丝剪去（见图 5-30）。

注意：两侧的尾翼倾斜程度应尽量保持一致，可以通过控制器进行微调。

（4）安装螺旋桨。螺旋桨的安装应在航空模型全部调试完毕后进行。先将电调与电池断开，然后开始安装螺旋桨，用钳子旋紧（见图 5-31）。

图 5-30　安装拉杆　　　　　　　　　图 5-31　安装螺旋桨

注意： 螺旋桨带有数字的一面应朝航空模型的前进方向。

（5）安装电池与扎带。将扎带穿过航空模型重心所在位置的预留孔，并将电池扎紧。在扎带的硬毛魔术贴处粘上比扎带略长的软毛魔术贴，将软毛魔术贴粘在机头上表面的适当位置（见图 5-32）。

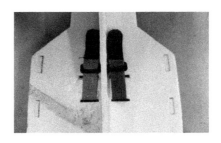

图 5-32　安装扎带

（6）航空模型制作完成后即可进行试飞。试飞时，先保持航空模型的平衡，上升到一定高度后观察航空模型的飞行情况，然后进行微调。

第 6 章

冲浪者滑翔机航空模型的制作

6.1　滑翔机的发展

德国的奥托·李林塔尔是滑翔机的先驱者之一。奥托·李林塔尔从 19 世纪 60 年代起，开始从鸟类飞行中获取各种数据，制造了大量扑翼机模型。19 世纪 70 年代，他通过研究和试验证明了弯曲的机翼截面比平板形的机翼截面具有更大的升力。奥托·李林塔尔与他的弟弟 G. 李林塔尔合作，于 1891 年制成了一架蝙蝠状的弓形固定翼滑翔机，成功地进行了滑翔飞行，飞行距离超过 30m，从而肯定了曲面翼的合理形式。此后他又制造了多架不同型号的单翼滑翔机和双翼滑翔机。后来，奥托·李林塔尔在滑翔机中部装设了吊架，让飞行员悬吊在架上，靠移动身体来掌握重心位置，借以控制滑翔的方向和速度。奥托·李林塔尔用 16 种不同构型的滑翔机在柏林附近的试飞场地进行了 2000 次以上的滑翔飞行试验，包括单翼滑翔机和双翼滑翔机（见图 6-1 和图 6-2）。

图 6-1　单翼滑翔机　　　　　　　图 6-2　双翼滑翔机

英国的乔治·凯利爵士研究了风筝和鸟的飞行原理，于 1809 年试制了第一架滑翔机，该滑翔机成功将他带到了几米之外；奥托·李林塔尔于 1891 年制作了第一架固定翼滑翔机（见图 6-3），翼展长 7 米，用竹和藤作骨架，骨架上缝着布，人的头和肩可从两机翼间钻入，滑翔机上装有尾翼，全机重量约 2kg；1871 年，法国人佩诺发明了"飘动者"号飞机模型，在 11s 之内稳定飞行了 40m；1890 年，法国人阿代尔研制出安装了蒸汽发动机的蝙蝠形动力飞机（见图 6-4），完全依靠自身动力水平起飞成功；类似的还有风筝式滑翔机等（见图 6-5）。

图 6-3　第一架固定翼滑翔机

图 6-4　阿代尔蝙蝠形动力飞机

图 6-5　风筝式滑翔机

1914 年,德国人哈斯研制出第一架现代滑翔机,它不仅能水平滑翔,还能借助上升的暖气流爬高飞行,并且操纵性能更加完善。第一次世界大战后,滑翔机的操纵方式已与飞机相似,即用驾驶杆操纵升降舵和副翼,用脚蹬操纵方向舵。在第二次世界大战中,大型滑翔机已经开始用来向敌后空运武装人员和物资,但工艺和技术尚不完善,因此载重量比较小。

如今,出现了越来越多专门为滑翔机设计的翼型,工艺技术的提高及大量复合材料的应用,使滑翔机自重越来越轻,滑翔机的性能有了极大提升;翼展和展弦比的增加使可携带的载荷量也在增加;加上动力装置的更新,也使滑翔机续航里程不断刷新纪录(见图 6-6)。

滑翔机的主要类型有太阳能滑翔机、悬挂式滑翔机、动力滑翔机等。太阳能滑翔机是以太阳辐射作为推进能源的滑翔机,太阳能滑翔机的动力装置由太阳能电池组、直流电动机、减速器、螺旋桨和控制装置组成(见图 6-7)。

图 6-6　新型滑翔机

图 6-7　"太阳神"号太阳能滑翔机

6.2　冲浪者滑翔机航空模型的制作

冲浪者滑翔机航空模型翼展 1.4m，机身长 0.9m，起飞重量为 600～750g。该航空模型组装简单，机翼设计成快拆结构，方便携带；机身材料为 EPO，重量较轻，韧性较好，维修方便。该航空模型为常规固定翼布局，有副翼、水平尾翼和垂直尾翼等结构，可加装起落架，提高飞行乐趣。冲浪者滑翔机航空模型性能优异，有较好的滑翔稳定性，低油门飞行时的耗电量较低，使用 2300mAh 电池的飞行时间一般为 20～30min。由于其制作方便、操作简单、安全、经济、易学，所以成为不少航空模型新手的入门机型（见图 6-8）。

图 6-8　冲浪者滑翔机航空模型

6.2.1　材料的准备

1. 航空模型材料

航空模型材料包括水平尾翼、垂直尾翼、两个机翼、机舱罩、碳杆和钢丝拉杆、起落架盖板、机舱罩、机身贴纸、附件包（小木片、副翼钢丝、磁铁、舵机臂）（见图 6-9）。

2. 自备材料

自备材料包括泡沫胶、纤维胶带、透明胶带、魔术贴两对、15cm 魔术扎带两个、天行者 30A 电调、银燕金属舵机四个、新西达 A2212 KV2200 无刷电机、6in 螺旋桨、容量为 2300mAh 的 3S 锂电池。

图 6-9 航空模型材料

3. 辅助工具

辅助工具包括螺钉旋具、美工刀、钳子。

6.2.2 机身的制作

1. 电机底座与舵机固定板的安装

电机底座有底座、舵机安装板和机翼固定板等木片零件（见图 6-10）。先将电机底座木板的孔洞贴紧对齐，用 502 胶粘牢缝隙（见图 6-11）。将金属电机底座用配套螺钉与电机固定，用螺钉拧入三层木板处，将四颗螺钉均拧紧（见图 6-12）。

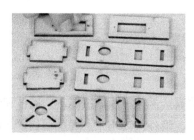

图 6-10 木片零件

图 6-11 粘接木片

将机翼固定板对齐，用 502 胶粘合完成。舵机安装板用泡沫胶粘合到机身的内侧，注意对齐孔洞（见图 6-13）。

2. 安装电机

用泡沫胶将电机座粘合到一侧机身内部（见图 6-14），注意电机的位置要相对平行；电机线较短，需要用到 3 根长度为 20cm 的电机延长线。

图 6-12　安装电机

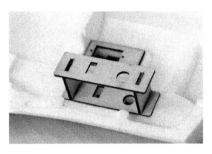

图 6-13　安装机翼固定部件

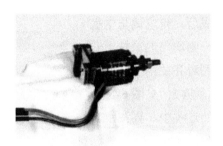

图 6-14　安装电机

3. 安装舵机

将舵机固定板粘接到机身内侧，然后安装舵机（见图 6-15）。用螺钉将舵机从机身外侧固定到舵机固定板上（见图 6-16）。

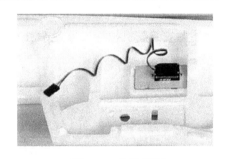

图 6-15　安装舵机

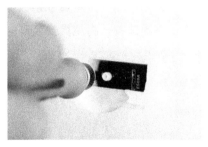

图 6-16　拧紧螺钉

将舵机拉杆安装到舵机臂中（见图 6-17）。舵机与尾翼操纵面距离过远，可用塑料管套上拉杆后粘接到机身上，防止拉杆弯曲（见图 6-18）。

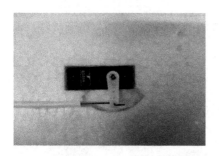

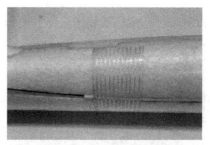

图 6-17　安装拉杆　　　　　　　图 6-18　将拉杆粘接到机身上

4. 合并机身

　　两侧舵机安装完成后，将电调与电机延长线相连。在机身一侧均匀地涂抹上一层泡沫胶，然后将两侧对齐并用手按压两侧机身，保证接缝处贴紧固定（见图 6-19）。在等待胶水定型牢固的过程中，要注意对机身的观察，防止变形。

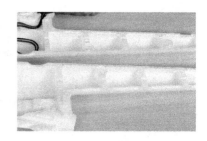

图 6-19　合并机身

　　机身内部可以加入碳杆，增强机身的抗变形能力，也可以在机头处加装碳片，起到防撞耐磨的作用。

5. 安装尾翼

　　将水平尾翼和垂直尾翼分别涂上泡沫胶（见图 6-20），然后在机尾凹槽中同样涂抹泡沫胶，将尾翼安装到对应位置并安装舵机拉杆（见图 6-21）。

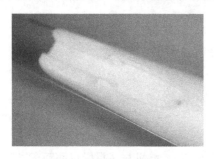

图 6-20　机尾处涂抹泡沫胶　　　　　　图 6-21　安装尾翼

6. 制作机头

在机身对应处安装磁铁，可以方便打开机头。在舱盖和机身的安装位置涂上一层泡沫胶，先将铁片安装到舱盖处，然后将磁铁安装到机身上（见图 6-22 和图 6-23）。安装好磁铁后，在其表面贴一层透明胶带，可以防止泡沫胶与铁片粘连。

注意： 磁铁安装完成后，要待泡沫胶定型后再安装飞机舱盖。

图 6-22　安装铁片

图 6-23　安装磁铁

将防磨损贴片揭下，贴到飞机底部对应位置即可（见图 6-24）。

7. 安装起落架

机身下部留有起落架的安装位置，操纵者可自行购买起落架，将起落架组装完成后安装到机身上即可（见图 6-25）。

图 6-24　贴防磨损贴片

图 6-25　安装起落架

6.2.3　机翼的制作

1. 修整机翼

机翼处有注塑口凸起，这对航空模型的飞行是不利的，可以用美工刀将其修平整（见图 6-26）。

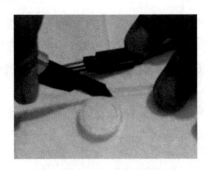

图 6-26 修整多余的材料

2. 安装舵机

机翼要用到两个舵机，本章选用银燕金属齿轮舵机，另外还需要两根延长线和一根 Y 线。在机翼舵机处涂抹泡沫胶，然后将舵机按合适的角度进行安装（见图 6-27）。

副翼上的舵机固定后，将舵机延长线塞入机翼预留的线槽中，并用纤维胶带加强。机翼两侧靠近机身处有快拆组件，使用内六角扳手可以快速拆卸机翼，方便运输（见图 6-28）。

图 6-27 安装舵机

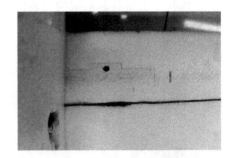

图 6-28 快拆组件

3. 粘贴机身贴纸

航空模型制作完成后粘贴附赠的机身贴纸，也可自行购买喜欢的贴纸进行装饰（见图 6-29）。

图 6-29 粘贴机身贴纸

6.3 航空模型的调试

1. 测试舵机

1 通道连接副翼舵机；2 通道为升降舵机；3 通道为油门通道，连接电调；4 通道为方向，连接垂直尾翼舵机（见图 6-30）。开启控制器，选择固定翼模式；将油门摇杆推到最上面，然后连接电调与电池，当电机发出两声提示音后将油门摇杆拉到最下面，此时电机再次发出三声提示音，表示油门校准完成。

2. 电池的安装位置

冲浪者滑翔机航空模型使用容量为 2300mAh 的 3S 锂电池时，需要将电池安装到航空模型内部的最前端，然后进行试飞调整（见图 6-31）。

图 6-30 信号线连接示意图

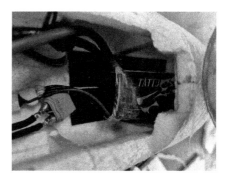

图 6-31 电池的安装位置

第 7 章

自由者垂直起降飞翼
航空模型的制作

7.1　飞翼的发展

7.1.1　飞翼的介绍

飞翼是一种没有尾翼的航空模型，副翼同时担任了升降舵的功能。飞翼的垂直安定面或者翼梢小机翼可以更好地保持航空模型平衡。航空模型的很多设备都集中在机翼，而机身与机翼融为一体，所以飞翼又称全翼机。飞翼的整个机翼都能提供升力，又因为飞翼没有机身和尾翼，而减少了很大一部分空气阻力，所以飞翼的空气动力效率非常高。

1. 飞翼的优点

（1）飞翼布局是气动布局一体化设计的最佳布局，机身和机翼融为一体，提高了气动效率，可以更好地增加飞行里程。

（2）飞翼布局取消了常规布局航空模型的平尾和方向舵，整体构成一个升力面，提高了航空模型的气动性能，增加了升力。

（3）飞翼布局中，航空模型的机身与机翼融合，雷达反射面减小，具有很好的隐身性能。

2. 飞翼的缺点

（1）俯仰不稳定。航空模型在某一速度下飞行时可以保持稳定姿态，但是一旦飞行速度和姿态改变，航空模型的升力中心和重心偏移过大，航空模型的俯仰就会很难保持稳定。

（2）俯仰操纵的力矩小。在飞翼上，航空模型的升降舵靠近重心，所以操纵力臂相应地变短了，操纵效果大大降低。在飞行时，航空模型需要更多的升降舵行程来控制航空模型俯仰。同时，为了保证航空模型的飞行高度，需要调整升降舵，这样会增加配平阻力。

7.1.2　摸索阶段

早期，一些航空先驱者一直致力于飞翼布局的研究，但当时的航空材料性能较差、发动机效率低、工艺制造技术不足，飞翼一直没有取得突破性发展，但飞翼布局的理念一直存在且在不断发展。

1. 走在前列的阿列克山大·利比肖

第一次世界大战结束后不久，德国积极开展滑翔机飞行活动，很多工程师打破常规布局的滑翔机结构，大力探索飞翼布局的滑翔机。1921年，年轻的工程师阿列克山大·利比肖最先制成飞翼滑翔机（见图7-1）。

2. 年轻的霍顿兄弟

1936年，霍顿兄弟加入德国空军时，他们就已经在考虑设计一种飞翼战斗机了。1937年，不到20岁的霍顿兄弟研制出了一款军用飞翼机，并在1938年成功试飞改进款飞翼HoV-B战斗机。在1940年的法国战役中，英法联军仓皇败退至英国本土，英吉利海峡阻挡了德军的进攻。霍顿兄弟决定研制一款大型飞翼轰炸机。1943年，他们正式开始了军用大型飞翼轰炸机的研制。他们将喷气发动机安装到由金属和木材混合建造的飞翼中，这架大型的军用飞翼就是后来著名的Ho-229战斗轰炸机。但是这架大型飞翼战斗轰炸机并没有参与实战（见图7-2）。

图7-1　阿列克山大·利比肖的首架 　　　　图7-2　Ho-229战斗轰炸机
　　　　飞翼滑翔机

7.1.3　实战阶段

美国飞机设计师约翰·诺期洛普设计的N-1M小型飞翼试验机试飞成功后，根据这架飞机的原型又设计了N-9M飞翼。第一架飞机在1942年11月27

日首次飞行，飞机总重 3220kg，最大飞行速度为每小时 410km（见图 7-3）。

　　1946 年 7 月 25 日，当时世界最大的飞翼 XB-35 试飞成功，它搭载 4 台活塞发动机，每台活塞发动机具有 3000 马力（1 马力≈735 瓦）。正反螺旋桨使飞机飞行非常稳定，需要转弯时，XB-35 飞翼通过控制开裂式襟翼来操控飞行方向（见图 7-4）。

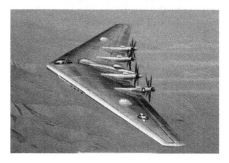

图 7-3　N-9M 飞翼　　　　　　　　　图 7-4　XB-35 飞翼

　　第二次世界大战初期，美军急切地需要为美国陆军航空队装配一种超级轰炸机。1943 年，美国陆军订购了 13 架 YB-35 飞翼，第一架在 1948 年首飞，第二架没有完工，其余 11 架进行了不同程度的改装。但是军方认为采用活塞发动机的飞翼已经过时，为进一步提高飞机性能，工程师用喷气式发动机代替活塞发动机改装了其中两架。于是，YB-49 飞翼诞生了，它搭载 8 台 J35 涡喷发动机，每台涡喷发动机推力为 1816kg，飞机的起飞重量为 60t，有效载荷 20.5t，最大速度达到每小时 832km，创造了 12810m 服役升限纪录。但是 J35 涡喷发动机油耗太高，YB-49 飞翼的航程不到 YB-35 飞翼的一半（见图 7-5）。

　　20 世纪 70 年代，前苏联大力发展各种中远程防空导弹，美国空军提出要制造一种新型战略轰炸机，强调突防能力。1981 年，美国空军宣布与诺斯罗普合作，并签订了 6 架试飞用机和 2 架静态测试机的初始合同。1989 年，B-2 轰炸机（见图 7-6）首飞，它是当时世界上唯一一款隐身战略轰炸机，造价为 24 亿美元，若以重量计算，它的造价比服役时同等重量的黄金还要贵 2～3 倍。

　　隐身性能决定了飞机在关键时刻的存亡。由于飞翼的雷达反射面小，再加上先进的隐形涂装，可以吸收雷达波，所以 B-2 战略轰炸机具有良好的隐身性能。

图 7-5　YB-49 飞翼

图 7-6　B-2 战略轰炸机

7.1.4　未来发展

1. 民用航空

波音 797 是波音对下一代客机的技术验证机，其最大特点就在于它的经济性。目前，升阻比最佳的飞机是波音 787，它采用超临界翼型，使飞机的升阻比达到了 25。使用飞翼布局可以使飞机升阻比达到 40，这将节省很多燃料，但飞翼的气动外形不论对飞机的结构材料或是对飞行控制技术都是不小的挑战（见图 7-7）。

2. 军事领域

一架战机的造价普遍在 1～3 亿美元之间，B-2 轰炸机的造价更是高达 24 亿美元。另外，飞行员的培养也会耗费大量财力。随着技术的成熟，无人机逐渐大放光彩。飞翼布局的无人机具有隐身性能高、突防性能强、航时长、载弹量大等优点，如利剑无人机（见图 7-8）。

图 7-7　波音 797

图 7-8　利剑无人机

7.2　飞翼航空模型的制作

7.2.1　自由者飞翼航空模型的介绍

自由者飞翼航空模型翼展 1m，三角翼机型，机翼为平凸翼型，机身为流线型设计，符合空气动力学，具有良好的续航能力和滑翔能力，其结构紧凑、制作简单。该航空模型整体为 EPO 材质，表面光滑、边角平整，可以减小飞行阻力；重量轻、韧性好，内部空间可拓展。另外，自由者飞翼航空模型机身轻便，适合制作垂直起降航空模型（见图 7-9）。

图 7-9　自由者飞翼航空模型

7.2.2　飞翼的制作

自由者飞翼航空模型的空机材料包括机身、机翼、垂直尾翼和机身贴纸。制作自由者飞翼航空模型所需要的主要材料包括 40A 电调、朗宇三代 2212 KV2450 无刷电机、6in 螺旋桨、两个银燕金属舵机、碳杆、延长线及电机座等（见图 7-10 和图 7-11）。

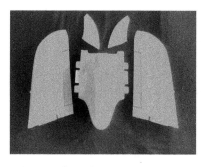

图 7-10　自由者飞翼空机材料

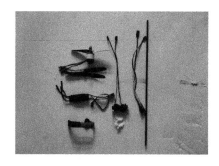

图 7-11　主要材料

1. 制作机翼

1) 准备材料

首先备齐相关材料，主要包括机翼、舵机、延长线、舵角和快调等（见图 7-12）。自由者飞翼航空模型的机翼与机身用拼插的方式连接。

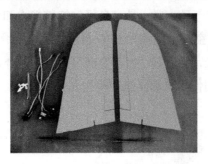

图 7-12　机翼材料

2) 去除注塑口处的多余材料

由于飞机材质为 EPO，所以在机身及机翼上会留有注塑口，注塑口处的材料会有一定的凸起，应及时去除，以免影响飞机的气动性能（见图 7-13）。

3) 安装机翼舵机

安装舵机前需要通电测试舵机是否完好，同时将舵机臂归中，安装后难以调整舵机臂位置。在制作 EPO 材质的航空模型时，常会用航空模型专用泡沫胶来进行粘接，泡沫胶重量轻，具有一定的韧性，且硬化时间长，粘接面积较大的部位时可以获得良好的精确度。在舵机一侧涂上泡沫胶，然后将舵机安装好并适当施加压力，使舵机与机翼更好地贴合（见图 7-14）。

图 7-13　机翼处的注塑口　　　　　图 7-14　安装机翼与舵机

4）安装舵角与快调

在航空模型的配件包里附赠了舵机拉杆，长度与粗细都合适，可以直接使用。先将舵角插入副翼对应的孔位中，用热熔胶加固舵角；然后安装拉杆，再将快调插入舵角，在快调的螺母上涂抹泡沫胶可以更好地防止脱落（见图 7-15 和图 7-16）。

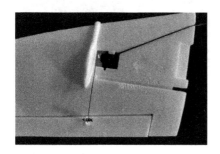
图 7-15　舵机整体图

图 7-16　在快调螺母上涂抹泡沫胶

5）粘接机翼与机身

将机翼与机身的凹槽处均匀地涂抹一层泡沫胶（见图 7-17），然后在阴凉处自然风干两分钟后将机翼与机身对接，目的是使泡沫胶中的有机溶剂挥发，使粘接速度更快。

找出两根 20cm 的延长线，将其与舵机信号线连接，并将信号线塞入机翼上的凹槽中（见图 7-18）。信号线穿过前起落架位置，连接到机身内部（见图 7-19）。

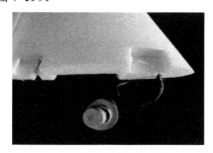
图 7-17　涂抹泡沫胶

图 7-18　安放信号线

6）安装碳杆（见图 7-20）

在机翼需要安装碳杆的位置均匀地涂抹泡沫胶，然后放入碳杆。放入碳杆后可以旋转几下,使泡沫胶均匀地覆盖在碳杆表面。航空模型的尾部有可分离的电机座后盖,方便拆装电调。在分离面上涂抹泡沫胶,再将后盖与航空模型粘接(见图7-21)。

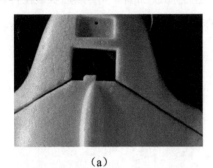

<table>
<tr><td>(a)</td><td>(b)</td></tr>
</table>

图 7-19　信号线穿过起落架

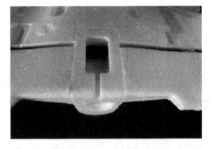

图 7-20　安装碳杆　　　　　　图 7-21　粘接后盖

机身的缝隙在高速飞行和急转弯时有开裂的风险,需要用纤维胶带加固机翼与机身连接处和机翼碳杆位置(见图7-22和图7-23)。

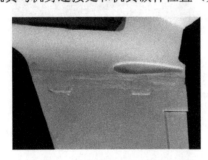

图 7-22　加固机翼与机身连接处　　　　图 7-23　加固机翼碳杆位置

2. 制作机身

1）粘接层板

取出机身加强层板，先将电池扎带穿入层板中（见图 7-24），然后将层板背面涂上泡沫胶后嵌入机身（见图 7-25）。层板上已经用激光做好了标记，包括电池和接收机的位置，只要将电池安装到正确位置就能保证航空模型大致的重心。

 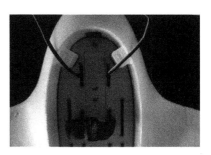

图 7-24　穿入扎带　　　　　　　　　图 7-25　粘接层板

2）粘接舱盖磁铁

舱盖和机身对应位置有粘接磁铁的位置，通过磁铁的磁力将舱盖固定到航空模型上，可以在更换电池的时候轻易取下舱盖又不会使舱盖在飞行的过程中脱落。先将磁铁用泡沫胶粘接到舱盖上，再粘接一层纤维胶带。由于泡沫胶在凝固后还有黏性，长时间使舱盖与机身贴合会使它们互相粘连，所以要用纤维胶带隔开泡沫胶，同时也可起到加固的作用（见图 7-26）。

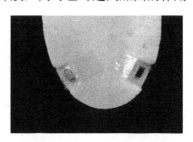

图 7-26　粘接磁铁

3）安装垂直尾翼

垂直尾翼对航空模型飞行中的平衡起到了重要作用，没有垂直尾翼的帮助，航空模型会不停地左右摆动，发生侧滑。可以用热熔胶粘接垂直尾翼（见图 7-27）。

4）安装摄像头

机头位置留有摄像头孔位，方便制作远航航空模型时安装摄像头，如果仅使用目视飞行则可以用热熔胶封闭上孔位，避免气流影响航空模型的气动性能（见图 7-28）。

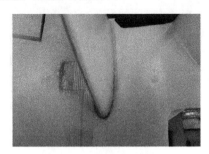

图 7-27　粘接垂直尾翼

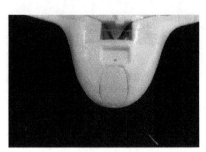

图 7-28　粘接摄像头孔位

3. 安装电机和电调

在电机座位置粘有一个半圆形垫片。电机座垫片可以使电机成一定角度安装，目的是抵消航空模型的抬头力矩（见图 7-29）。在实际的飞行中，使用 10%左右的油门就可以保持航空模型巡航，油门过大会导致航空模型抬头，适当调整电机角度可以使航空模型适应更多的飞行场景。

将螺旋桨安装到电机上，注意正反。取出电机座，用电机自带的螺钉将电机与电机座固定（见图 7-30）。

图 7-29　电机座垫片

图 7-30　安装电机

1）安装电机座

用泡沫胶均匀涂抹电机座，然后将电机座插入机身，并保证电机与机身成一定角度（见图 7-31）。

2）安放电调

电机线和电调线通过机身后盖预留的孔位相连，安装时需注意电机的转向，然后整理电机线并用热熔胶固定（见图 7-32）。电调用魔术贴固定在机舱一侧，如果试飞时航空模型发生倾斜，则要将电调放在相反的位置，尽量少调整微调，否则会增加配平阻力（见图 7-33）。

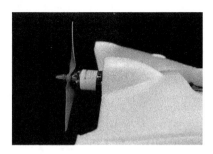

图 7-31　安装电机座

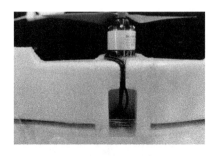

图 7-32　固定电机线

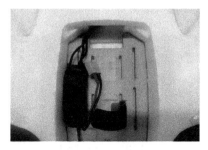

图 7-33　安放电调

3）安装电池与接收机、贴机身贴纸

将接收机与电池安装进机舱并整理好信号线。自由者飞翼内部空间的高度较低，尽量选择状态良好的电池，鼓包的电池会导致机舱盖无法盖紧（见图 7-34）。

最后贴上机身贴纸（见图 7-35）。

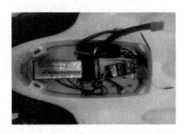

图 7-34　安装电池与接收机

图 7-35　贴机身贴纸

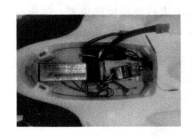

图 7-36　飞机内部设备布置图

7.2.3　飞翼的调整

　　自由者飞翼航空模型为三角翼航空模型，需要用到混控模式，机翼的副翼与升降舵混控，需要两个舵机。首先将两根舵机信号线插入接收机的第 1 通道和第 2 通道，两根线的顺序暂时忽略，然后将电调信号线接通第 3 通道（见图 7-36）。

　　打开控制器，在系统设置中找到【机型选择】（见图 7-37），然后在【机型类型】中选择"固定翼模式"，再选择"2 副翼"和"普通"（见图 7-38）。推动摇杆，检查舵面的正反。

图 7-37　机型选择

图 7-38　固定翼模式的设定

7.3　飞翼改装 Y3 型垂直起降航空模型

　　市面上比较成熟的垂直起降航空模型大部分是在常规布局的固定翼航空模型基础上改装而来的。垂直起降航空模型（见图 7-39）在测绘、侦察等领域应用广泛。自由者垂直起降飞翼航空模型空机价格较低，气动性能良好，续航时间长。网上也有专门针对自由者垂直起降飞翼航空模型设计的倾转舵机的 3D 打印配件，非常适合新手制作，对新手来说，这是一个不错的学习机会。

图 7-39　垂直起降航空模型

7.3.1　倾转部件的制作

1. 材料的准备

自由者飞翼航空模型空机包括 F405 Wing 飞控、2208 KV1260 的无刷电机三个、20A 乐天穿越机专用无刷电调三个、7in 三叶螺旋桨三个、银燕 3352 数字金属舵机两个、10mm 碳纤维管及倾转结构 3D 打印件。网上有很多类型的倾转打印件，可以根据需要选择（见图 7-40）。

图 7-40　倾转结构打印件

3D 打印适合定制一些特殊的零件，精度可以达到要求，但是成品的毛刺较多，需要用美工刀修整。修整好后先将电机装到电机座上，3D 打印材料较脆，拧紧电机螺钉时不要过于用力，然后再组装倾转舵机部分。使用圆形舵机臂时，可以用四个螺钉固定倾转电机座，舵机尾部用一个贯穿的螺钉作为支撑轴（见图 7-41 和图 7-42）。

图 7-41　分解图　　　　　　　　图 7-42　组装图

舵机臂在安装的过程中并不一定会完全水平。后期我们可以在地面站通过改变舵机的行程来使舵机臂水平（见图 7-43 和图 7-44）。

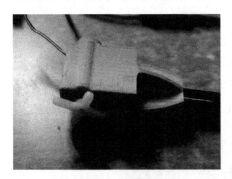

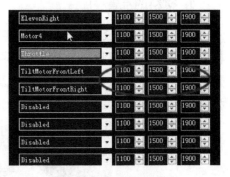

图 7-43　舵机臂状态　　　　　　图 7-44　倾转舵机行程

2. 焊接电调

选择合适长度的电机线，避免在模式转换时电机线妨碍螺旋桨的工作。将电机线焊接到电调的电路板上，电调放到舵机下部（见图 7-45）。

3. 安装倾转部件和尾部电机

截取一根长度为 20cm 的方碳管或者圆碳管，在碳管的两端涂抹上 AB 胶，塞入到打印件中。舵机线可以穿入碳杆中，方便布线。两端的打印件要保持平行（见图 7-46）。

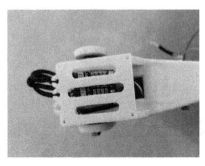

图 7-45　焊接电调　　　　　　　图 7-46　倾转部件

尾部电机部位若仅用电机座粘接，强度是不够的，需要用层板增加电机座的面积。在电机座上涂上泡沫胶，在层板上涂上热熔胶，然后将电机座安装到航空模型上（见图 7-47）。

先在机翼靠近舵机的位置挖出合适的凹槽，使 3D 打印件能紧密贴合机翼凹槽。两者之间用泡沫胶粘接，然后用热熔胶加固边缘（见图 7-48）。

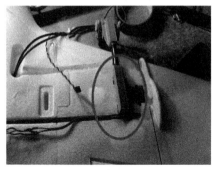

图 7-47　安装尾部电机　　　　　　图 7-48　安装倾转电机部件

4. 焊接布线

将电调的电源线焊接到飞控板上。F405 Wing 飞控电路板上的所有正极和负极都是相通的，所以第 3 个电调的电源线正极可以直接焊接到另两个电调的正极处，负极也可以焊接到一起（见图 7-49）。

将飞控其他信号线焊好后即可进行装机，依次将舵机信号线、电调信号线插入相应的通道口（见图 7-50）。

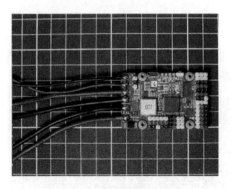

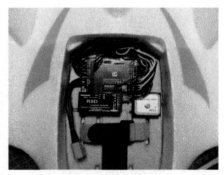

图 7-49　焊接电调电源线　　　　　　　图 7-50　飞控布线

7.3.2　飞控调参

1. 烧写固件

首先进入 ardupilot 官网，在下拉列表里找到"Plane"，单击进入（见图 7-51）。

进入之后会发现飞控固件已经更新了很多版本，选择其中最新的版本：stable-4.1.3（见图 7-52）。

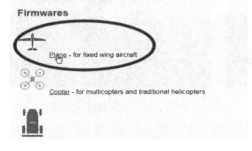

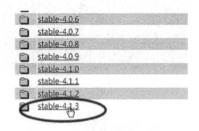

图 7-51　固定翼类固件　　　　　　　图 7-52　最新版本 stable-4.1.3

同样，进入之后在下拉列表里找到自己的飞控型号，这里使用的飞控型号为 MatekF405-Wing（见图 7-53）。

在新打开的界面中找到"arduplane_with_bl.hex"文件，它是一个集成了引导程序的固件程序包，下载此文件（见图 7-54）。

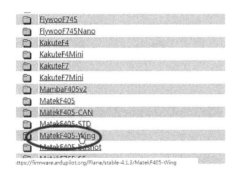

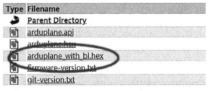

图 7-53　MatekF405-Wing 飞控　　图 7-54　arduplane_with_bl.hex 文件

刷写固件时需要下载一些驱动程序，其过程烦琐，可以直接安装 QGroundControl 地面站，它会自动将一些驱动安装到计算机中，不但方便使用还节省时间（见图 7-55）。

接下来用 BETAFLIGHT 地面站烧写固件。打开地面站，单击"固件烧写工具"（见图 7-56）。按住飞控上的"DFU"按钮，然后用数据线连接计算机和飞控（见图 7-57）。

图 7-55　QGroundControl 地面站

图 7-56　"固件烧写工具"选项　　图 7-57　按住"DFU"按钮连接飞控和计算机

主页面的选项不用更改，使用默认选项即可。单击"从本地电脑加载固件"（见图 7-58）。选择下载好的固件进行烧写，等待进度条走完，显示"烧录成功"（见图 7-59）。

图 7-58　从本地电脑加载固件

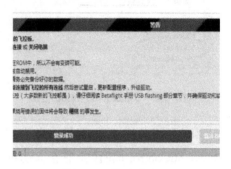

图 7-59　烧录成功

2. 加速度计校准

固件烧录完成后关闭 BETAFLIGHT 地面站，接着打开 MP 地面站，选择合适的端口和波特率，连接后进行加速度计校准。在【初始设置】→【必要硬件】中找到"加速度计校准"，首先进行六面加速度的校准，等一切安装就位后再在航空模型上进行水平校准（见图 7-60）。

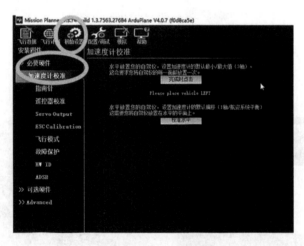

图 7-60　校准加速度计

注意：飞控上有指示箭头，箭头所指方向为机头方向（见图 7-61）。根据系统的提示进行六面加速度的校准，每校准好一面后就单击确认（见图 7-62）。

图 7-61　箭头指示方向　　　　　图 7-62　左侧面加速度计校准

3. 指南针校准

垂直起降航空模型需要用到指南针，这里启用第一个指南针，后期航空模型起飞时转动航空模型进行指南针校准即可（见图 7-63）。

4. 控制器（遥控器）校准

飞控自带 Sbus 信号端口，如果是 Sbus 接收机，就可以直接插到飞控上，接收机通过 USB 供电。将摇杆转动到最大行程，同时拨动所有多段开关，飞控就会识别每个通道的输出值。单击完成就会出现信号值表（见图 7-64）。

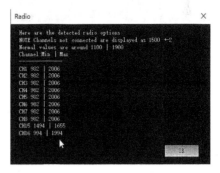

图 7-63　指南针校准　　　　　　图 7-64　信号值表

5. 通道输出设置

单击"Servo Output"选项，把 1 和 2 分别设置为"Motor 1"和"Motor

2"，代表航空模型前面两个电机；3 和 4 分别设置为 "ElevonLeft" 和 "ElevonRight"，代表左右两个副翼；5 设置为 "Motor 4"，代表尾电机；6 设置为 "Throttle"，代表电调校准；7 和 8 分别设置为 "TiltMotorFrontLeft" 和 "TiltMotorFrontRight"，代表左右两个倾转舵机（见图 7-65）。

6. 飞行模式设置

可以用一个 6 挡开关或两个 3 挡开关设置六种飞行模式。将飞行模式 1 设置为 "Manual"，代表手动控制；飞行模式 2 设置为 "FBWA"，为线性增稳，是一种常用的模式；飞行模式 3 设为 "RTL"，是 "reture to launch" 的缩写，意为返回起飞点；飞行模式 4 设为 "Auto"，为自动调参模式；飞行模式 5 设置为 "QSTABILIZE"，为增稳模式，飞行的过程中飞控会自动保证航空模型稳定；飞行模式 6 设置为 "QLOITER"，意思是悬停定高模式，此模式一定要在安装了 GPS 后才能使用（见图 7-66）。

图 7-65　通道输出　　　　　　　　图 7-66　飞行模式

7. 失控保护

在【初始设置】→【故障保护】中的 "地面站" 选项卡中勾选 "短故障保护" 和 "长故障保护"（见图 7-67）。当飞控检测到油门信号低于设定值时会进入短故障保护，航空模型原地盘旋；20s 后若仍未检测到油门信号，则会执行失控返航。

8. 空速设置

在【配置/调试】→【基本调参】中找到 "空速 m/s" 选项卡，将巡航设置为 15.0，FBW 最小设置为 11，FBW 最大设置为 27（见图 7-68）。

注意：这里的空速设置是专门针对自由者飞翼航空模型的，其他航空模型需要根据实际飞行速度进行调整。

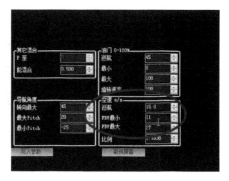

图 7-67　失控返航　　　　　　　　　图 7-68　空速设置

9. RSSI（信号回传）设置

在【配置/调试】→【全部参数表】中搜索"rssi"，在"RSSI_TYPE"中输入"2"（见图 7-69），意为通过某个通道的 PWM 值来模拟 RSSI 数值。单击写入参数，在刷新的列表中找到"RSSI_CHANNEL"，在其中输入自己想设置的 RSSI 数据回传端口，思翼接收机默认为"16"（见图 7-70）。

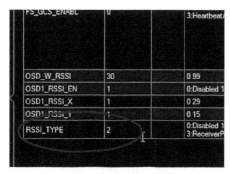

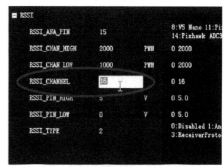

图 7-69　RSSI 信号类型　　　　　　　图 7-70　数据回传端口

在【配置/调试】→【全部参数树】中找到"Q_ENABLE"，将它设为"1"，意思是使用多轴模式（见图 7-71）。

在下拉列表中找到"Q"，展开选项，找到"Q_ASSIST_ANGLE"，将角度改为"55"。当航空模型向任意方向倾斜超过 55°时，多轴电机就会介入，保持航空模型的平衡；找到"Q_ASSIST_SPEED"，将速度改为"10"，当航空模型突然抬头且速度小于 10m/s 时，尾电机就会介入（见图 7-72）。

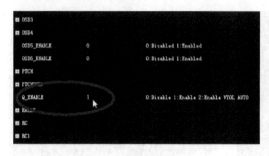

图 7-71　添加多轴模式 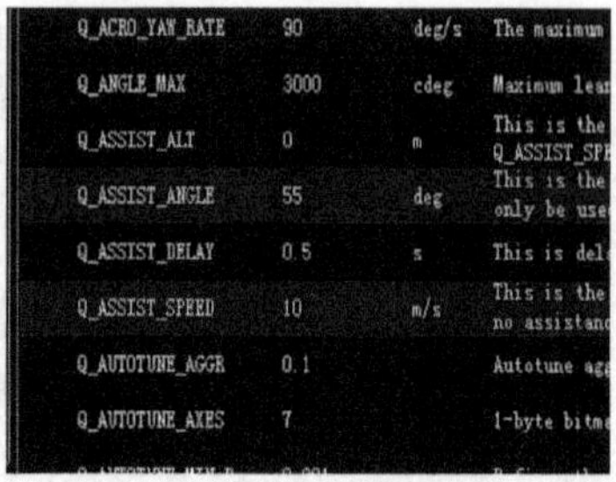　　　　　　　　图 7-72　电机介入的设置

将"Q_FRAME_CLASS"设置为"7"，此模式为 Y 型多轴模式；将"Q_FRAME_TYPE"设置为"X"型机架，此选项为设置多轴的机架；将"Q_GUIDED_MODE"设置为"0"，此选项为多轴引导模式；将"Q_LAND_FINAL_ALT"的降落高度设置为"10"，此选项为多轴模式的降落高度；将"Q_LAND_SPEED"中的降落速度设置为"40"，降落速度不宜过快，否则航空模型容易失控（见图 7-73）。

在与电机有关的参数中，"Q_M_SPIN_ARM"为电机怠速，将其设置为"0"，即低速模式，避免发生危险；"Q_M_SPIN_MAX"为电机最高速，将其设置为"1"，即高速模式；"Q_M_SPIN_MIN"为电机最低速，将它设置为"0"，即低速模式（见图 7-74）。

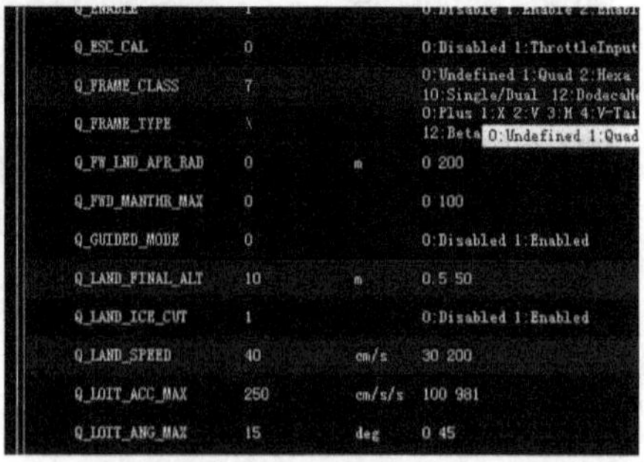

图 7-73　参数设置 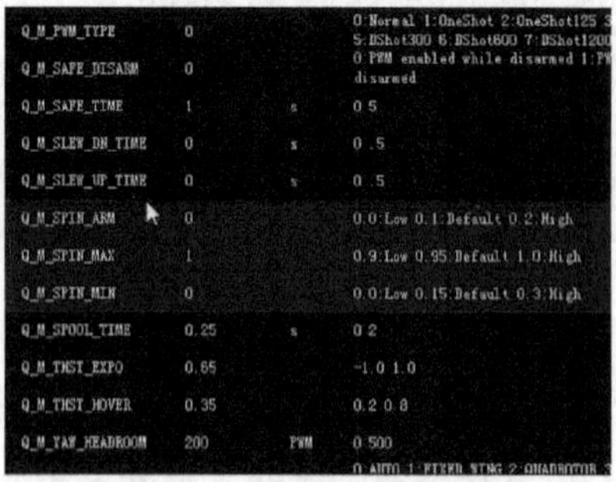　　　　　　　　　　图 7-74　电机速度参数

在第一阶段返航的参数设置中，找到"Q-RTL_ALT"，设置为"16"，表

示在离地高度为 16m 时执行第一阶段的返航；找到"Q-RTL_MODE"，设置为"1"；选择 Enabled 模式，表示返航时使用固定翼模式，到达返航点时自动切换为多轴模式（见图 7-75）。

在倾转舵机的有关设置中，将"Q-TLLT_FIX_ANGLE"设置为"10"，表示在固定翼飞行中允许通过舵机控制电机偏转来辅助航空模型保持平衡；将"Q-TLLT_MASK"设置为"3"，表示将航空模型前两个电机定义为矢量电机；将"Q-TLLT_MAX"设置为"40"，表示从多轴向固定翼切换的过程中，电机先倾转 40°，等待水平飞行速度的产生；将"Q-TLLT_RATE_DN"设置为"15"，表示由多轴模式转换为固定翼模式时舵机以 15°/s 的速度倾转；将"Q-TLLT_RATE_UP"设置为"40"，表示由固定翼转换为多轴模式时，舵机以 40°/s 的速度倾转。Y3 型垂直起降航空模型不同于传统的四轴航空模型，四轴航空模型通过两对正反电机互相抵消扭矩来保持平衡，Y3 型垂直起降航空模型则先平衡两个电机的扭矩，再通过偏转两个电机来抵消剩余一个电机的扭矩。将"Q-TLLT_TYPE"设置为"VectoredYaw"模式，表示允许航空模型通过前面两个电机的偏转产生的扭矩来抵消尾电机的扭矩（见图 7-76）。

调试 YAW。首先设置与陀螺仪相关的参数。这里使用 7in 螺旋桨，根据曲线大致取值为"60"（见图 7-77）。

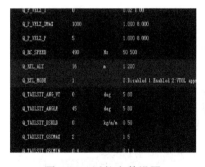 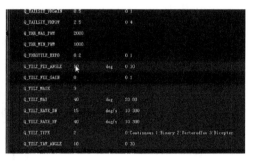

图 7-75　返航参数设置　　　　图 7-76　倾转舵机的参数

然后设置与偏航加速度相关的参数，7in 螺旋桨取值大概为 31000（见图 7-78）。

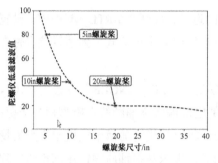

图 7-77　陀螺仪取值曲线

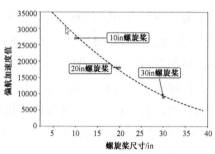

图 7-78　偏航加速度取值曲线

其他参数的取值如图 7-79 所示。

10. PID 的调试

首先以 QSTABILIZE 模式升空，然后开始调试。

（1）以 0.05 的增量增加 Q_A_RAT_YAW_P 和 Q_A_RAT_YAW_I，注意，I 值是 P 值的 10 倍。

（2）如果出现机尾左右大幅摇摆（P 过高/机尾左右慢速大幅晃动），以 0.005 的增量增加 Q_A_RAT_YAW_D 值。

（3）如果出现机尾左右快速摇摆（D 过高/机尾左右快速抖动），降低 Q_A_RAT_YAW_D 值，直到机尾不抖动为止。

参数调整完之后装机试飞，检测航空模型的稳定状态（见图 7-80）。

```
Q_A_ANG_YAW_P=5
Q_A_RAT_YAW_FLTE=2
Q_A_RAT_YAW_FLTT=INS_GYRO_FILTER/2(如INS_GYRO_FILTER=30除以2等于15)
Q_A_RAT_YAW_FF=0
Q_A_RAT_YAW_FLTD=0
Q_A_RAT_YAW_IMAX=0.5

(2)初始YAW PID:
Q_A_RAT_YAW_P=0.45
Q_A_RAT_YAW_I=0.045
Q_A_RAT_YAW_D=0.01
```

图 7-79　部分参数设置

图 7-80　装机试飞

第 8 章

轻木滑翔机航空模型的制作

　　轻木滑翔机航空模型的制作较前几章中制作的模型要复杂许多，不仅制作步骤较为烦琐，而且零件较多，建议在空旷的场地进行制作，以免丢失小部件，制作前要准备好必要的制作工具。本章将以电动滑翔机航空模型为例详细介绍轻木滑翔机航空模型的制作过程。

8.1　滑翔机概况

　　滑翔机大多是没有动力装置，重于空气的固定翼航空器，可由飞机拖曳起飞，也可用绞盘车或汽车牵引起飞，还可从高坡上下滑到空中。在无风的情况下，滑翔机在下滑飞行过程中依靠自身重力分量获得前进动力，这种损失高度的无动力下滑飞行称为滑翔。在上升气流中，滑翔机可以像老鹰展翅那样平飞或升高，通常称为翱翔（见图 8-1）。

　　现代滑翔机主要用于体育运动，分为初级滑翔机和高级滑翔机。前者主要用于训练飞行，后者主要用于竞赛和表演（见图 8-2），有的还可以完成各种高级空中特技，如翻跟斗和螺旋等。20 世纪 70 年代后，悬挂滑翔机在现代科学技术的基础上（结构材料的改进和制造工艺水平的提高）开始复苏，吸引了大量飞行爱好者。

图 8-1　滑翔机翱翔　　　　　　　　　图 8-2　滑翔机类竞赛

　　本章将详细介绍电动滑翔机航空模型的制作过程。电动滑翔机航空模型由电池提供动力升入高空，可以长时间滑翔，也可以持续提供动力，故而可以用于娱乐训练，也可用于竞赛和表演等活动。

8.2　机身的制作

8.2.1　整体材料的准备

轻木滑翔机航空模型的材料主要为轻木板材、桐木板材、椴木层板等。对于电动滑翔机航空模型来说，机身需要承受较大的冲击与震动，需要坚固的材料来做支撑，使用 2mm 椴木层板比较合适，再用 3mm 巴尔沙木板进行塑形。后机身选取碳管作为主要材料，不仅可以提高航空模型的整体强度，还可以节省制作工时和存储空间等。最后用环氧树脂对航空模型的机头、主机翼与机身连接部分，以及垂直尾翼与后机身碳管相连接的地方进行加固。

对于机翼来说，2mm 桐木板材作为翼梁和后缘，巴尔沙木板作为翼肋。水平尾翼、垂直尾翼和各个舵面均采用 2mm 巴尔沙木板，再用碳片加固。最后安装电子设备并进行蒙皮，完成航空模型的组装。

常用的制作工具在做 KT 复合板航空模型时已经介绍，这里不再赘述。不同的是要准备好蒙皮电熨斗，为最后的蒙皮做准备。板材的准备根据图样及航空模型每个部位的板材种类使用激光切割机进行切割，完成后板材上的零件先不要着急取下。各部位零件较多，一次性取下容易丢失，因此可以在板材切割完成后将其整齐地放置到空旷的地方（见图 8-3）。制作航空模型时再随取随用，这样既不会丢失，也不会使制作场地杂乱不堪。将切好的板材按部件类型摆放整齐（见图 8-4），并根据使用说明书合理操作激光切割机。另外，需要准备直径为 3mm 的实心碳棒；直径为 8mm、10mm、12mm，壁厚为 1mm 的碳管。

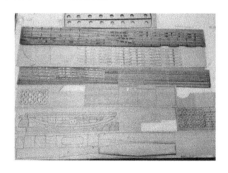
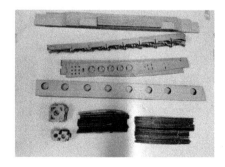

图 8-3　平铺摆放　　　　　　　　图 8-4　分类摆放

8.2.2 前机身的制作

（1）将 502 胶准备好，随时准备粘接木板。先把 2mm 椴木层板的支撑小木片按照大小依次插入底板接口，对齐后滴入少量 502 胶加以固定；再把侧壁的两片木板接口与支撑小木片相接，并使两侧木板与底边边缘对齐；随后滴入少量 502 胶。稍用力将两侧木板前端与底板对齐，并滴入适量 502 胶加固；将两层 2mm 椴木层板材质的电机座依次插入接口，并滴入 502 胶固定（见图 8-5 和图 8-6）。

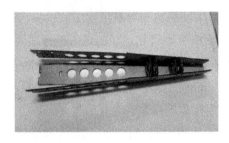 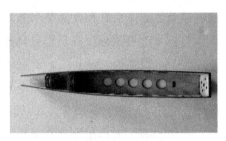

图 8-5　拼接材料　　　　　　　　　图 8-6　安装电机座

（2）两侧层板要与底板的两边对齐，若对不齐会影响外围巴尔沙木板的粘接。滴 502 胶的原则是先滴入少量 502 胶进行定位，检查拼接无误后，再次滴入适量 502 胶进行加固。如果有部位需要微调或者拼接错误需要改动时，滴入过多 502 胶就不易拆卸，强拆则可能对部件造成损害。

（3）将切割好的 3mm 巴尔沙木板粘贴在椴木层板机身的外侧。先将后侧两孔对齐并滴入适量 502 胶，再用力掰弯使前端对齐，并滴入 502 胶固定；另一侧用同样的方法粘接（见图 8-7 和图 8-8）。

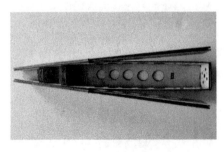 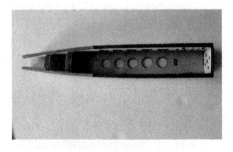

图 8-7　安装外壳　　　　　　　　　图 8-8　外壳对齐

机身两侧的小孔用于插入碳棒，起到固定机翼和后机身碳管的作用，若有偏差可以使用圆形小锉刀打磨碳棒，使之光滑，直到碳棒可以插入机身为止。

（4）安装电机舱盖，并对机身进行打磨。用砂纸将机身外侧巴尔沙木板的棱角打磨圆滑，机头的其他部位也需要打磨出一定的弧度（见图 8-9）。

打磨棱角是为了方便蒙皮紧贴机头，同时也可以减小空气阻力。电动滑翔机航空模型每次降落均是机身先与地面接触，光滑的棱角可以涂抹树脂加固，提高使用寿命。

用卷尺量取 40cm 左右的 12mm 碳管，在距离碳管一侧边缘 2cm 左右处使用钻头直径为 3mm 的电钻打孔，将其打穿；在另一侧使用角磨机切割出 2～3cm 的切口（见图 8-10）。

 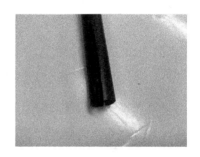

图 8-9　打磨棱角　　　　　　　　图 8-10　切割碳管

钻孔时尽量保证孔在碳管的中心位置，不然机身的孔与碳管的孔无法准确定位。使用电钻和角磨机时不要戴手套操作，防止手套卷入机器发生危险。完成这些操作以后将碳管插入机身，截取两根直径为 3mm 的碳棒，长度分别为 25cm 和 20cm，并对切割面进行轻微打磨。如果无法插入则需对孔洞或者碳棒进行打磨，直至可以插入为止（见图 8-11）。

航空模型的机头是降落时最容易受到冲击的部位，仅使用椴木层板和巴尔沙木板远远不够，若想更加长久地使用，要用玻璃纤维进行加固。玻璃纤维是以环氧树脂为主体、以玻璃纤维为增强材料的复合材料。首先截取适量玻璃纤维包裹整个机头，包裹完成后用橡皮扎带扎紧固定（见图 8-12）。

固定好玻璃纤维后，将环氧树脂和固化剂按照特定比例进行调配。调配完成后在包裹机头的玻璃纤维上均匀地涂抹环氧树脂溶液，并确保涂抹光滑、内部无气泡。此过程一定要戴胶皮手套，以保证自身安全（见图 8-13）。

图 8-11　插入碳棒

图 8-12　包裹玻璃纤维

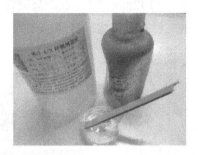

图 8-13　调配环氧树脂溶液

　　涂抹完环氧树脂溶液后，将机头放置于干燥通风处，静置一段时间等待环氧树脂溶液完全凝固。修剪多余的玻璃纤维，并用砂纸打磨毛刺。最后使用手钻按照电机座上孔的位置打孔，用于安装电机（见图 8-14 和图 8-15）。

图 8-14　打磨边角

图 8-15　钻电机孔

　　（5）安装电机。滑翔机航空模型使用朗宇牌 2216 KV1400 电机，搭配铝合金整流罩和 9in 折叠桨。首先将电机安装在机身上，使用螺柱进行固定。

然后依次将整流罩零件和折叠桨安装在电机轴上。最后安装整流罩，完成机身制作（见图 8-16～图 8-19）。

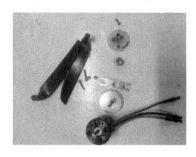

图 8-16　电机、整流罩

图 8-17　安装电机

图 8-18　安装图

图 8-19　安装整流罩

8.2.3　后机身的制作

（1）制作垂直尾翼和方向舵，将切割好的板材按照木片的长短及形状进行拼接，滴入少量 502 胶进行固定。由于使用的巴尔沙木材料细小且脆，因此需加入 3mm 碳片进行加固（见图 8-20）。

垂直尾翼制作完成后，截取长度为 50cm、直径为 10mm 的碳管，将垂直尾翼沿着碳管的母线用 502 胶固定在碳管的一端（见图 8-21）。

在固定完垂直尾翼后，使用凯夫拉高强度尼龙绳将垂直尾翼的木板与碳管反复缠绕并滴入 502 胶。值得注意的是凯夫拉高强度尼龙绳要单层依次排开，并且要紧贴碳管和木片，不得出现镂空，这是复杂、耗时而又细致的工作，需要耐心完成。用凯夫拉高强度尼龙线加固后，再剪取适量的玻璃纤维覆盖在凯夫拉高强度尼龙线上，使用少量 502 胶固定。最后使用玻璃纤维进行加固（见图 8-22 和图 8-23）。

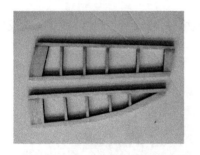

图 8-20　垂直尾翼和方向舵

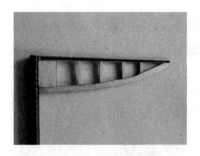

图 8-21　固定垂直尾翼

图 8-22　凯夫拉高强度尼龙线缠绕图

图 8-23　覆盖玻璃纤维

（2）制作尾翼支座。将长短两种木片按照数量关系依次穿入碳管中，使之叠放整齐，并滴入少量 502 胶固定，但不要与碳管固定在一起（见图 8-24）。

在支座的切口处依次放入木片；在木板的六边形孔洞里放入六角螺母。在各木片及螺母之间滴入 502 胶，使其成为一个整体（见图 8-25 和图 8-26）。

图 8-24　穿入平行尾翼支座

图 8-25　插入木片

（3）调节平行尾翼支座的位置。首先将支座调节至距离垂直尾翼端 15cm 左右，然后轻微转动支座，使支座平面与垂直尾翼保持垂直。可以将后机身放置在一个水平面上，把三角尺放在垂直尾翼处，使三角尺的一边与垂直尾翼平行。调整至合适的位置后，在支座与碳管之间滴入 502 胶固定（见图 8-27）。

图 8-26　放置螺母

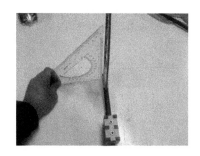

图 8-27　调整位置

剪取适量的玻璃纤维覆盖在支座的外表面（见图 8-28），使用 502 胶进行简单固定。用环氧树脂溶液将水平尾翼支座与垂直尾翼一起加固（见图 8-29）。这两处之所以使用玻璃纤维进行加固是因为航空模型每次降落后，尾翼支座和机头在地面滑行时会受到一定程度的摩擦，因此要提高其耐磨性；加固垂直尾翼可以提高航空模型在转弯过程中的稳定性。

图 8-28　覆盖玻璃纤维

图 8-29　玻璃纤维加固

（4）制作水平尾翼与升降舵。将圆弧木片与带有梯度的长木条进行拼接，再将小木条按照大小顺序依次排入其中，把带孔的 3mm 椴木层板放在整个水平尾翼的正中间。椴木层板和巴尔沙木片的连接处及圆弧形木片和梯形木条的连接处均用 3mm 碳片加固（见图 8-30 和图 8-31）。

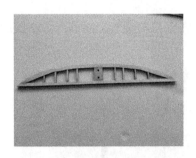

图 8-30　拼接水平尾翼

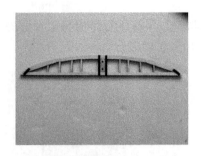

图 8-31　碳片加固

接下来将舵机安装在 3mm 椴木层板的右侧，多用几条巴尔沙小木棒进行加固。提前安装舵机的目的是降低蒙皮后安装舵机的难度（见图 8-32）。

将升降舵的各个木条、木块按照长短拼接起来，滴入 502 胶固定。为了方便安装舵脚，要将固定舵脚的木块调节至合适的位置，因此先将水平尾翼与升降舵放在平整的桌面上进行简单的拼接，再调节中间小木块的位置，将小木块左端与舵机右端面对齐后滴入 502 胶。此时，后机身骨架制作完成（见图 8-33～图 8-36）。

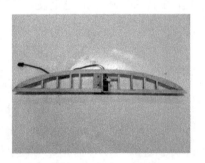

图 8-32　安装舵机

图 8-33　制作升降舵

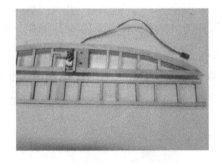

图 8-34　拼接对齐

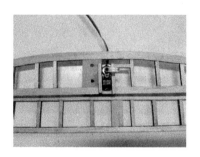

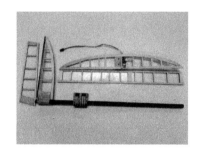

图 8-35　对齐舵机面　　　　　　　图 8-36　后机身零部件

8.3　机翼的制作

8.3.1　机翼材料的准备

机翼是航空模型产生升力的重要来源，而滑翔机航空模型可以长时间在空中滑行，机翼起着功不可没的作用，因此机翼的制作要更加细心。为了方便机翼的安装拆卸，这里将机翼分为两个部分制作，把需要的舵机、板材、碳杆等材料准备好，并打磨板材上的毛刺（见图 8-37）。

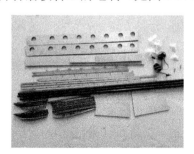

图 8-37　机翼材料

8.3.2　机翼的制作

（1）制作小机翼。小机翼翼肋数量较多而且长度不同，拼接过程中为了避免出现错误，可以提前将每根翼肋由大到小进行编号。将后缘的两根长木条垂直放置并粘接牢固，边缘切口较大的一端与木条边缘对齐。此接口需要放置两根翼肋，切勿装反（见图 8-38 和图 8-39）。

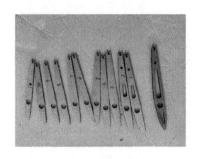

图 8-38 翼肋编号

图 8-39 粘接后缘

截取直径为 8mm、长度为 60cm 的碳杆，将已经编好号码的翼肋依次穿入碳杆中，然后与后缘摆放在一起。将翼肋的切口与后缘的接口相互插接，并滴入少量 502 胶固定（见图 8-40 和图 8-41）。

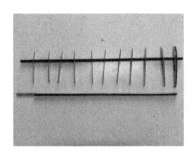

图 8-40 串接翼肋

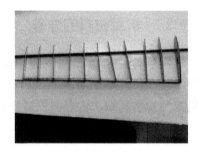

图 8-41 插接切口

将防割垫放置在翼肋下方，使碳杆平行于防割垫，每条翼肋平行于垫子上的白线。

注意：翼肋一定要与碳杆保持垂直，切勿倾斜扭曲；右侧碳杆要超出小机翼 5cm 左右，用于与主机翼拼接（见图 8-42）。

图 8-42 调整翼肋

安装小机翼翼梢，并加入小木条进行支撑。用直径 3mm 的碳杆做前缘，与两端翼肋对齐（见图 8-43 和图 8-44）。

（2）安装前缘巴尔沙蒙皮。将巴尔沙蒙皮板材沿着台阶处对齐，顺着每条翼肋与蒙皮的交接处滴入 502 胶固定。同样可将另一片蒙皮覆盖上，使用 502 胶粘结。相对于第一片蒙皮，第二片蒙皮滴 502 胶更困难一些。先在台阶处滴入 502 胶进行固定，然后用手捏住前端确保蒙皮与翼肋接触，从碳杆的缝隙中滴入适量 502 胶。将小机翼竖直拿起，使 502 胶沿着翼肋流淌至底端（见图 8-45～图 8-48）。

图 8-43　安装翼梢

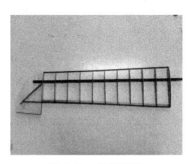

图 8-44　安装前缘

图 8-45　安装第一片蒙皮

图 8-46　固定第二片蒙皮

图 8-47　沿着翼肋滴入 502 胶

图 8-48　蒙皮粘贴完成

使用美工刀切除多余的蒙皮，注意切除时要保留足够的余量，确保蒙皮可以与碳杆粘接。从缝隙处观察没粘接的部位，滴入 502 胶进行粘接。最后使用砂纸对前缘处的蒙皮进行打磨，直至与翼肋前端弧度相近并且可以看到碳杆为止（见图 8-49 和图 8-50）。

图 8-49 粘接缝隙

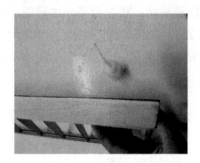
图 8-50 打磨前缘

（3）安装舵机。取直径为 3mm、长约 10cm 的碳棒，对一端进行打磨，打磨出一定的斜度并且保证光滑。把碳杆插入一号翼肋和二号翼肋中，伸出的长度要比碳杆短 1～2cm，用 502 胶固定（见图 8-51）。

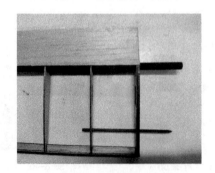
图 8-51 安装连接碳杆

从切割完的巴尔沙板材边角料中截取一部分板材，将其放在二号翼肋与三号翼肋之间。板材的两端分别放在碳杆和后缘上，使用 502 胶将其固定；翻转小机翼，在碳杆与碳管之间再放入一小片板材（见图 8-52 和图 8-53）。

将舵机带有摇臂的一侧对齐板材的边缘，将没有标签的一侧贴近板材并放置在合适的位置，再把舵机线通过翼肋的孔引出机翼外（见图 8-54）。

图 8-52　粘贴舵机固定板材

图 8-53　粘贴另一片板材

安装舵机和提前布线都是在为蒙皮打基础，可节省大量时间。这样小机翼骨架就制作完成了（见图 8-55）。

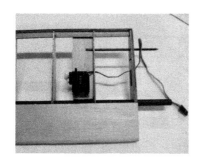
图 8-54　安装舵机

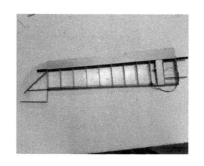
图 8-55　小机翼骨架制作完成

（4）制作主机翼。首先取出中段后缘的材料，将两段后缘按照切口拼接在一起备用。截取长为 80cm、直径为 10mm 的碳杆作为主梁，将其穿过 20条翼肋；再截取长为 70cm、直径为 3mm 的碳杆穿过内部 18 条翼肋。航空模型降落时机翼的连接处受力不均匀，所以需要在主机翼的两侧用两条翼肋加固。另外还可以观察到，最中间的两条翼肋与其他翼肋略有不同，此处为巴尔沙板材蒙板的支撑部位，使用的材料为桐木板材（见图 8-56～图 8-58）。

按照一定顺序粘接会显得更加有条理。首先将翼肋尖部与后缘切口进行粘贴，固定粘贴过程要尽量保证翼肋相互平行，即使存在偏差也没关系，后面再进行调整。取长度为 80cm、直径为 3mm 的碳杆作为前缘，将碳杆卡入翼肋的圆弧槽中再依次进行粘贴，在粘贴过程中调整至翼肋相互平行（见图 8-59）。翼肋作为蒙板的支撑，是受力的重要部件，将其调整平行可以使其受力均匀，提高使用寿命。前缘与后缘固定完成后粘贴直径为 10mm 的碳杆和直径为 3mm 的碳杆。

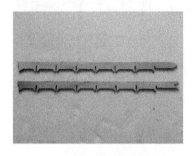 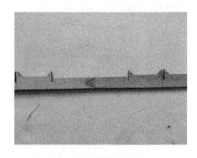

图 8-56　中段后缘　　　　　　　　　图 8-57　拼接后缘

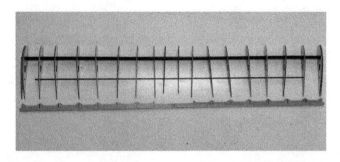

图 8-58　穿入碳杆

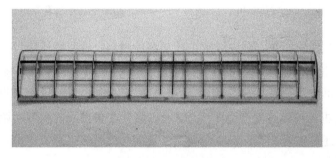

图 8-59　粘接材料

　　机翼骨架完成后，在前缘处粘贴巴尔沙板材蒙板，操作方式与制作小机翼相同，不同的是中间部分需要提前布线。将带有方形孔的蒙板放在底层，带孔的一端靠近前缘，再将另外两侧的蒙板粘贴上（见图 8-60～图 8-62）。

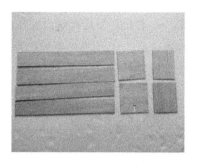

图 8-60　蒙板材料

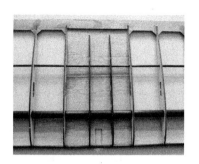

图 8-61　中间蒙板

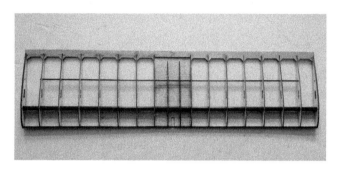

图 8-62　一侧蒙板

（5）布线。选取适当长度的两条延长线，从翼肋孔中穿过，最后从中间蒙板的孔中伸出；使用 Y 线将其连接，再使用胶带稍微固定，以免延长线窜动对以后的操作造成不利影响（见图 8-63）。最后用蒙板进行覆盖，中间蒙板最后覆盖；使用细针在蒙板上扎出小孔可使 502 胶透过蒙板（见图 8-64），与翼肋粘接；再用砂纸将蒙板表面打磨光滑。用小木片在后缘与翼肋处进行过渡，使各翼肋更加牢固（见图 8-65）。

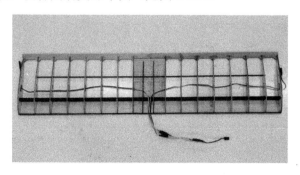

图 8-63　布线

图 8-64　扎孔

注意：在机翼内部尽量使用一条延长线，若使用多条延长线，则要在连接处使用热熔胶或者胶带加固，以免在飞行中开线，造成不必要的麻烦。

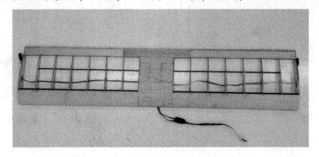

图 8-65　完成蒙板

（6）加固机翼中间部分。在中段蒙板上使用玻璃纤维环绕一周，并留出延长线接口，使延长线穿过（见图 8-66）；在玻璃纤维上均匀地涂抹环氧树脂溶液，静置晾干后修剪废料、打磨边角，这样主机翼就安装完成了（见图 8-67）。

图 8-66　覆盖玻璃纤维

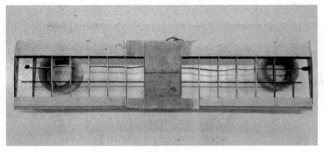

图 8-67　主机翼安装完成

注意：涂抹环氧树脂溶液时，一定要戴手套操作，以免被灼伤。各部件的制作没有明确的顺序，后机身两次使用玻璃纤维进行加固，可以在制作主机翼时一起加固，无须多次配兑溶液。

8.4 部件蒙皮

航空模型蒙皮的作用是改善机翼和航空模型的外形，使其具有优良的空气动力学外形。机翼蒙皮受升力作用，可以将力均匀地传递到相连的骨架上。另外，蒙皮材料表面光滑，因此阻力也较小。

8.4.1 蒙皮过程

将蒙皮材料、电烙铁及需要蒙皮的部件准备好（见图8-68），将电熨斗调至170°左右备用（见图8-69）。用蒙皮将机身环绕一周，使机身被完全包裹，用美工刀切除多余的部分（见图8-70和图8-71）。

图 8-68　材料工具准备

图 8-69　设定温度

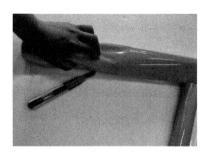

图 8-70　切取蒙皮

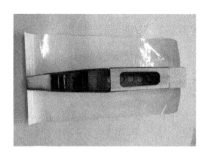

图 8-71　蒙皮展示

沿着蒙皮的一角把透明膜去掉，露出有黏性的一面；将蒙皮的一角对准机身侧边，然后使用电熨斗熨烫一下进行简单的定位；用力将另一侧的蒙皮拉紧，然后用电熨斗均匀熨烫蒙皮使其收缩；褶皱的部位用电熨斗熨烫一下就会自动收紧（见图8-72～图8-75）。

图8-72　蒙皮去膜

图8-73　定位蒙皮

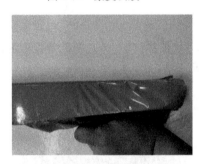

图8-74　拉紧蒙皮

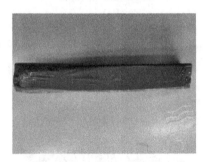

图8-75　熨烫部分蒙皮

将机身后端变窄处的蒙皮使用美工刀划开，分步熨烫，防止出现大的褶皱。头部与尾部直角处也用电熨斗熨烫一下，这样可以避免蒙皮松动。最后使用美工刀将多余的部分修整干净（见图8-76～图8-79）。

图8-76　切割蒙皮

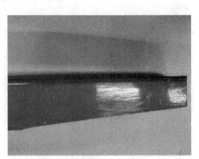

图8-77　熨烫后端蒙皮

图 8-78　直角处理

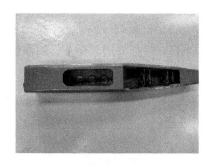
图 8-79　机身蒙皮完成

对于机身来说，蒙皮的方式较为简单。由于机身材料坚固，又有多层加固，不易产生变形，因此在蒙皮过程中不必考虑太多因素，只需将表面熨烫平整即可。途中若有褶皱也可反复熨烫，直至烫平。

机翼则不同，由于机翼材料较脆，不能使其产生变形，用力稍微过猛就可能使翼肋碎裂。另外，机翼还存在较为复杂的弧度，蒙皮过程会比机身困难得多。

与机身蒙皮一样，先剪取小机翼所需的蒙皮，用透明蒙皮包裹小机翼，观察小机翼的轮廓投影，多出部分为蒙皮的收缩及误差做准备。在轮廓周围使用美工刀裁剪（见图 8-80）。

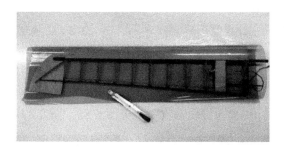
图 8-80　剪取蒙皮

翼梢处有较大的弧度，可以分两部分进行蒙皮。一部分在翼肋处，另一部分则单独对翼梢进行蒙皮。首先将蒙皮的无色透明保护膜揭掉，将小机翼翻转到背面，从背面开始蒙皮（见图 8-81）。

固定前缘蒙板处的蒙皮。在先熨烫前缘的两端，然后熨烫中间部分，再逐渐将整个前缘蒙皮完成（见图 8-82）。

　　将小机翼翻转到正面，将蒙皮拉紧，使用美工刀将摇臂处的蒙皮划开一道小口，使摇臂透过蒙皮；用电熨斗在前缘处进行熨烫固定，这样就不用时刻拉紧蒙皮了（见图8-83和图8-84）。

图8-81　切取翼肋处蒙皮

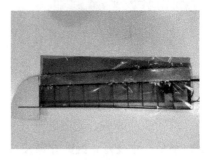

图8-82　固定蒙皮

图8-83　伸出摇臂

图8-84　固定另一侧蒙皮

　　将前缘处多余的蒙皮修剪掉，再熨烫一下使其完全贴合；在伸出碳杆的一侧直角处进行熨烫，这样就可以使蒙皮完全固定。翼肋处的蒙皮使用电熨斗快速均匀地进行熨烫即可使其收缩（见图8-85～图8-87）。

图8-85　修剪蒙皮

图8-86　熨烫直角处蒙皮

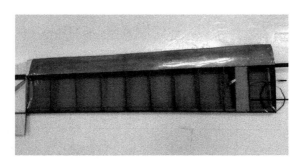

图 8-87　翼肋处蒙皮完成

　　翼肋处蒙皮完成后，再对翼梢处进行蒙皮。翼梢处存在较大的圆弧形状，蒙皮的难度较大。先用蒙皮包裹后观察其轮廓；然后沿着前缘的延长线再将蒙皮截为两段（见图 8-88 和图 8-89）。

图 8-88　包裹蒙皮

图 8-89　剪裁蒙皮

　　先对带有支撑和碳杆的一面进行蒙皮。在翼梢蒙皮与翼肋蒙皮交界处稍微用电熨斗熨烫一下，使其粘接。然后再熨烫圆弧处蒙皮（见图 8-90 和图 8-91）。

图 8-90　交接处粘接蒙皮

图 8-91　熨烫边缘蒙皮

修剪多余的蒙皮，再将中间部分熨烫光滑，此面完成蒙皮（见图 8-92 和图 8-93）。

图 8-92　修剪多余蒙皮　　　　　　　　图 8-93　一面蒙皮完成

按照同样的思路，将翼梢的另一面也进行蒙皮、修剪，完成小机翼的蒙皮。蒙皮完成后还要多注意观察小机翼外形，不得出现扭曲、形变等情况，否则会影响模型的气动性能；舵机线要时刻保持在小机翼外，一旦进入小机翼会非常难取出（见图 8-94）。

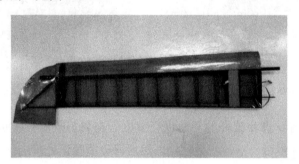

图 8-94　小机翼蒙皮

主机翼蒙皮相对较为容易，它没有小机翼复杂的斜度，只需要注意机翼是否变形，并防止机翼中的延长线掉入其内部。不过机翼较长，需要分两次进行蒙皮（见图 8-95 和图 8-96）。

图 8-95　一侧蒙皮

图 8-96　主机翼蒙皮

副翼、垂直尾翼、水平尾翼、方向舵等小部件蒙皮较为简单，这里不再详细介绍，注意不要使部件扭曲（见图 8-97 和图 8-98）。

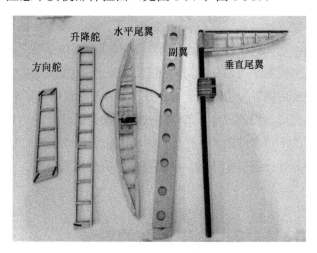

图 8-97　未蒙皮部件

图 8-98 蒙皮完成

8.4.2 蒙皮要领

选取蒙皮颜色时，应选择亮丽的颜色，以便观察航空模型在空中的飞行姿态；有布线的部件要使用透明蒙皮，方便观察接线口处的情况；其他部位可采用不透明蒙皮。

在截取蒙皮时，使用蒙皮包裹部件，沿着部件的外轮廓截取，截取时应留出足够的余量，将蒙皮受热收缩等因素考虑在内。

在给部件蒙皮时，先使用电熨斗固定一端，再沿着部件的外轮廓固定，最后缓慢熨烫中间部分，使其完全缩紧，同时观察部件保证其不发生扭曲。

滑翔机航空模型采用的材料结构强度较高，一般很少发生形变。这里分享一个关于蒙皮后部件发生形变的修正小技巧：若部件弯曲，则可将其放在水平桌面上，熨烫凸出的部分；若部件扭曲，则熨烫较低的一角即可。

蒙皮的方法不是唯一的，要充分发挥个人的主观能动性，对不同形状的部件蒙皮做到具体问题具体分析，使航空模型的蒙皮既美观又实用。

8.5 舵面连接与电子设备的安装

8.5.1 连接舵面

蒙皮完成后连接航空模型的各个舵面。以小机翼的舵面安装为例，首先在要安装副翼后缘的木板中间使用美工刀划开一道切口（见图 8-99）；反复在此切口处拓展，用纸合页试探，看是否可以使其顺利插入切口中（见图 8-100）；用同样的方法在后缘上均匀划开三道切口。在纸合页的一端均匀涂抹泡沫胶（见图 8-101），将带有泡沫胶的一端插入已经划好的切口内（见图 8-102）。

注意：需要切口的木板为桐木板材，其硬度较大，使用美工刀切开时一定要注意安全，避免划伤自己。同时，切开时若能插入横条中线的位置则最佳，插在横条上下也可以。中途使用 502 胶也可以，但会使纸合页变硬，不如使用泡沫胶的效果好。

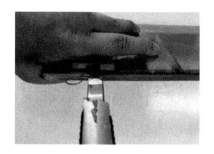

图 8-99　后缘切口

图 8-100　试探切口大小

图 8-101　涂抹泡沫胶

图 8-102　插入纸合页

将副翼放在三片纸合页上，靠近翼梢的一端留大约 0.5cm 的空隙，这样可以确定副翼上开口的大致位置（见图 8-103）；使用美工刀依次划开切口，并使纸合页顺利插入（见图 8-104）。在小机翼的纸合页上再次涂抹泡沫胶（见图 8-105），将副翼插入纸合页中，并保持副翼与后缘留有适当的间距，便于副翼正常运动（见图 8-106）。

　　注意：一定要保证副翼与小机翼之间的间距，确保两者均可正常运动。

图 8-103　对照切口位置

图 8-104　副翼开口

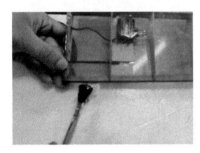

图 8-105　再次涂抹泡沫胶

图 8-106　副翼安装完成

　　按照同样的方法安装另外一个副翼、升降舵、方向舵（见图 8-107 和图 8-108）。

图 8-107　另外一个副翼安装完成

图 8-108　安装方向舵与升降舵

8.5.2　电子设备的安装

　　（1）舵面连接完成后安装舵机。将安装舵机所需要的工具与必备材料准备好，如钳子、螺钉旋具、内六角扳手、舵脚、快速调节器、舵机和舵机测试仪等（见图 8-109）。

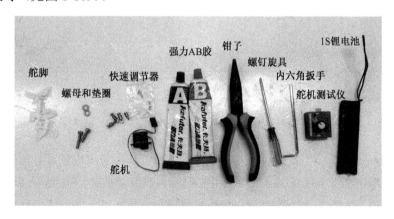

图 8-109 材料工具

（2）安装方向舵机。由于方向舵机的使用量较少并且受力也较小，因此选用银燕塑料舵机即可满足要求，这种舵机价格实惠，重量也比金属舵机轻许多。先使用舵机测试仪将其归中，再安装摇臂（见图 8-110）。舵机的安装位置涂有玻璃纤维，较为光滑，所以要用强力 AB 胶粘接。将强力 AB 胶按一定比例混合后涂在玻璃纤维上（见图 8-111），再将舵机固定（见图 8-112）。为了使粘接部位更加牢固，可以用小木条在舵机周围进行加固（见图 8-113）。

注意：舵机处于归中状态时的舵机臂不与舵机垂直，这是舵机上齿的分布情况决定的，可以在舵机安装完成后通过控制器进行微调。

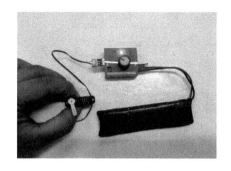

图 8-110 安装摇臂

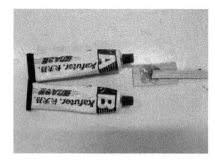

图 8-111 混合强力 AB 胶

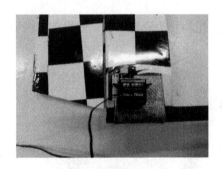

图 8-112 安装舵机

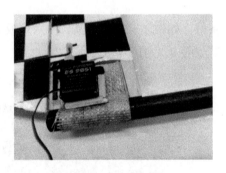

图 8-113 小木条加固

（3）安装舵脚与拉杆。首先制作拉杆。截取适当长度的铁丝，用钳子在铁丝一端弯出 Z 形（见图 8-114）；用扩孔器为舵机臂扩孔，然后插入铁丝（见图 8-115）。将快速调节器安装在舵脚上（见图 8-116），并把螺母拧紧，根据方向舵位置和拉杆长度选择合适位置安装舵脚（见图 8-117）；选择完成后使用美工刀在方向舵上划开一道切口将舵脚插入其中。

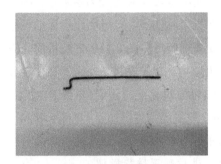

图 8-114 弯曲铁丝

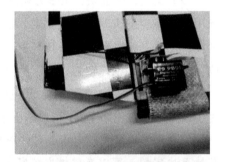

图 8-115 安装拉杆

图 8-116 安装快速调节器

图 8-117 选取安装位置

连接舵机与舵机测试仪，使舵机处于归中状态，将垂直尾翼竖起，观察并调整方向舵位置（见图 8-118），使方向舵与垂直尾翼处于同一平面，使用螺钉旋具将快速调节器上的螺钉拧紧，即可完成安装。最后在快速调节器的螺母处涂抹少量热熔胶，确保飞行过程中螺母不会脱落（见图 8-119）。

注意：螺母处涂抹螺丝胶效果最佳，考虑日后的拆卸问题，本书将螺丝胶换成了方便易得的热熔胶。

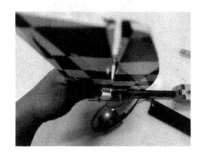

图 8-118 调整位置

图 8-119 防脱保险

按照同样的原理安装小机翼和升降舵舵脚拉杆。在前面的制作过程中，为了安装方便，此步骤已经提前完成（见图 8-120），最后安装电调（见图 8-121）。

图 8-120 安装小机翼和升降舵舵脚拉杆

图 8-121 安装电调

8.6 布线、组装与试飞

8.6.1 布线与组装

所有部件制作完成后，进行最后的组装。提前将所有部件和所需要的物品准备好（见图 8-122）。

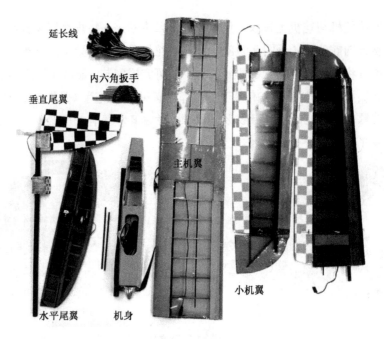

延长线
内六角扳手
垂直尾翼
主机翼
小机翼
水平尾翼   机身

图 8-122   材料准备

（1）连接垂直尾翼和水平尾翼。将 M4 六角螺栓和垫圈安装好，安装时将两个螺栓拧入预埋的螺母中，保证水平尾翼与垂直尾翼处于垂直状态（见图 8-123 和图 8-124）。

图 8-123   拧紧螺栓

图 8-124   连接水平尾翼和垂直尾翼

（2）前机身固定碳管。将截取好的碳管穿入机身中，用碳杆从机身侧边插入机身并穿过碳管（见图 8-125）。

注意： 当碳杆插入机身受阻时，需对机身侧边孔进行轻微打磨。

图 8-125　穿过碳管

（3）整体布线。观察后机身的长度并选择适当长度的延长线（见图 8-126）；连接延长线，并在连接处用透明胶带固定（见图 8-127）；然后将延长线放入垂直尾翼的碳管中，直至延长线一端伸出碳管，连接处较宽，延长线的端口无法彻底伸入碳管（见图 8-128 和图 8-129）。

图 8-126　选择延长线

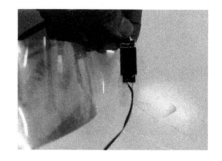

图 8-127　加固端口

图 8-128　引入碳管

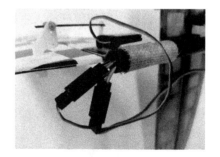

图 8-129　接口外露

将多余的导线集中在一起，用胶带固定；然后再添加延长线使其长度可以到达机舱（见图 8-130 和图 8-131）。

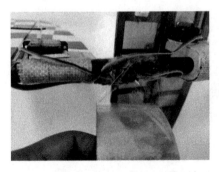

图 8-130　整理延长线

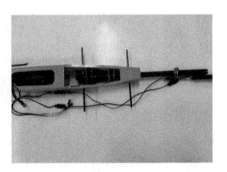

图 8-131　添加延长线

（4）拼接模型。先将延长线伸入前机身的碳管中（见图 8-132）；将后机身的碳管插入前机身中，调节后机身，使水平尾翼与机身平行，再使用紧箍收缩夹紧以固定前后机身（见图 8-133）。

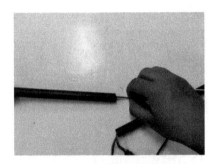

图 8-132　引入延长线

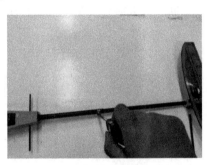

图 8-133　固定前后机身

（5）连接小机翼。先将舵机线与延长线连接，再将小机翼的碳管缓慢插入主机翼，调整位置使碳杆插入主机翼的小孔中（见图 8-134）；在机翼连接处用胶带固定，防止机翼抖动（见图 8-135）。

图 8-134　连接主机翼

图 8-135　固定机翼

（6）连接接收机。根据接收机"一副翼二升降三油门四方向"的原则，将各个舵机的延长线与接收机上的通道相连（见图 8-136）。升降舵和方向舵的舵机线同时从机身碳管中引出，两条线不易分辨，需借助舵机测试仪进行分辨，然后将线插入接收机通道。将多余的线及电调用橡皮筋扎成一捆放入机舱中（见图 8-137）。

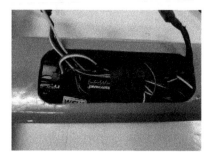

图 8-136　连接接收机　　　　　　　　图 8-137　整理导线

注意：各个通道所连接的舵机一定不得出现错误，否则将无法飞行。

（7）连接机翼与机身。将机翼放置于机身的卡槽处，使用橡皮筋交叉扎紧（见图 8-138），这样就完成了整个电动滑翔机航空模型的制作。

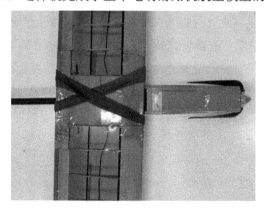

图 8-138　扎紧机翼

8.6.2　模型试飞

（1）安装电池。电动滑翔机航空模型采用容量为 1550mAh 的 3S 锂电池，该电池容量足以满足飞行任务。由于机舱空间有限，所以将电池放入机舱里无须再进行固定，最后将机舱盖合上（见图8-139和图8-140）。

图 8-139　安装电池

图 8-140　安装机舱盖

（2）调试航空模型。首先打开控制器，保持控制器油门拉杆处于最低位置，然后再给航空模型通电，以免螺旋桨突然转动发生危险。将航空模型通电，听到电调提示音后即表示可以正常起飞。起飞前拨动升降副翼方向摇杆，确认航空模型各个通道无误后，再次检查快速调节器的固定螺母，确认无误即可起飞。

注意：如听到异常的电调提示音，请自行翻阅电调使用说明书，按照说明书检查、调试。

（3）航空模型试飞。寻找一处空旷的场地，确保无安全隐患再进行试飞。试飞由两人完成，由操纵者操纵航空模型，由助手抛飞航空模型；助手站在操纵者前面，手握航空模型并将机身举过头顶，机头微微上扬约 30°。待操纵者启动油门后，助手感到航空模型有足够的拉力后将航空模型向前向上抛出。航空模型降落时，要确保降落区无人。

第 9 章

轻木运输机航空模型的制作

9.1 整体概况

轻木运输机航空模型翼展约 2.2m，机身长 1.5m，空机重量约 750g，安装电池后总重量不超过 1000g（见图 9-1）。制作该机型比制作电动滑翔机航空模型所需材料更多，制作步骤也更加烦琐。航空模型无载重时的飞行难度较小，可作为新手训练使用，有载重时则需要由有丰富飞行经验的操纵者操纵。

图 9-1 轻木运输机

9.1.1 图样的准备

图样是制作航空模型的基础，每一代图样都有其优缺点，操纵者通过不断试飞、积累经验来不断完善图样。有了好的图样，才能切割出好的板材，才可以制作出优秀的航空模型。整架航空模型需要大量图样，不同位置和不同板材对应的图样也非常繁多。

注意：图样较多，图 9-2～图 9-4 仅展示部分，并非全部。

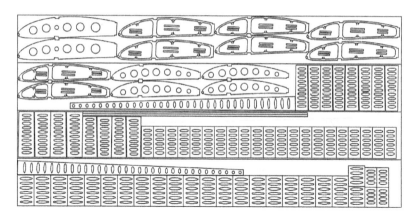

图 9-2　小机翼部分图样展示

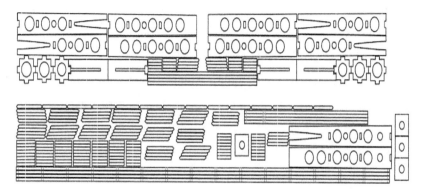

图 9-3　机身部分图样展示

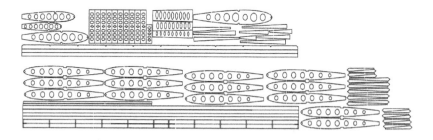

图 9-4　平行尾翼、垂直尾翼部分图样展示

9.1.2　板材的切割

将绘制完成的图样导入激光切割机，然后切割对应的板材（见图 9-5）。

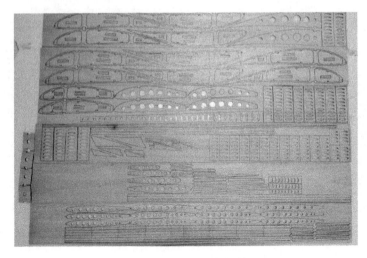

图 9-5　部分切割完成的板材展示

9.1.3　其他耗材及制作工具的准备

常用耗材包括直径为 4mm、6mm、8mm、10mm 的碳管和碳杆若干，宽度为 2mm、10mm 的碳片若干，直径为 5mm 的轻木木棒，铁丝，自制 2mm 碳纤维耳片，水袋，胶带，502 胶，轻质蒙皮，魔术贴，尼龙扎带，电池扎带，小钉子，海绵轮，尼龙绳等（见图 9-6）。

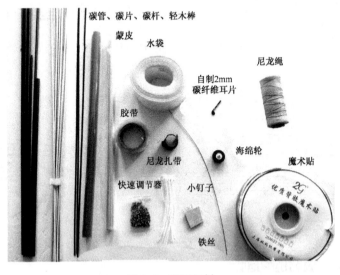

图 9-6　常用耗材

电子设备包括银燕金属舵机、舵机延长线、朗宇 X2820 电机、电调、接收机、容量为 2300mAh 的 3S 锂电池、舵机测试仪等（见图 9-7）。

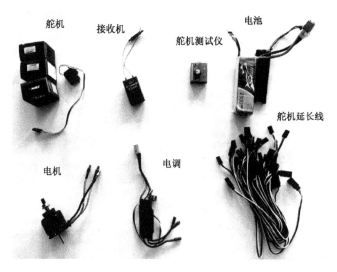

图 9-7 电子设备

常用的工具包括平口钳、尖嘴钳、美工刀、螺钉旋具、锉刀、剪刀、内六角扳手、塑料薄膜封口机、电子秤等（见图 9-8）。

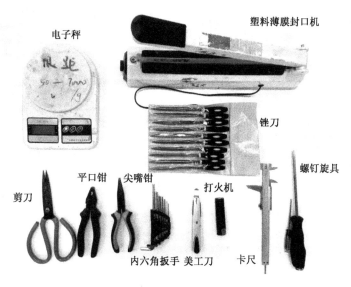

图 9-8 常用工具

9.2 航空模型的制作

9.2.1 机身的制作

（1）制作机身。轻木运输机航空模型的机身采用桁架结构，由巴尔沙木条拼成（见图 9-9）。

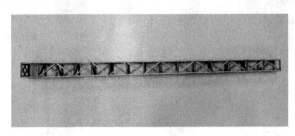

图 9-9 机身结构

在机身前端起落架位置的侧边安装限位板（见图 9-10），方便安装舵机和捆绑水袋的碳杆（见图 9-11）。

 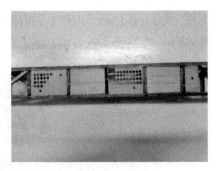

图 9-10 起落架限位板   图 9-11 舵机和碳杆

将碳杆插入木板中，并将舵机安装在木板上（见图 9-12）。用尼龙绳在碳杆上缠绕几圈，滴入 502 胶并待其固化，捆绑水袋时使用缠绕法调节尼龙绳的长度（见图 9-13）。

（2）制作简易起落架。制作简易起落架所需材料包括海绵轮、2mm 碳杆、6mm 碳管和尼龙绳（见图 9-14）。

图 9-12 安装舵机和碳杆

图 9-13 缠绕尼龙绳

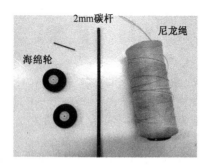

图 9-14 起落架材料

截取长度为 5cm、直径为 2mm 的碳杆,再截取一根长度为 30cm、直径为 6mm 的碳管,在距离碳管一端约 1cm 处用手钻打一个直径约 2mm 的孔,确保碳杆能插入其中(见图 9-15)。将碳杆插入孔中,用尼龙绳缠绕碳杆并滴入 502 胶;再将海绵轮放到碳杆上,在碳杆的外端缠绕几圈尼龙绳并滴入 502 胶(见图 9-16)。

图 9-15 插入碳杆

图 9-16 简易起落架

（3）安装起落架结构。将简易起落架插入机身木板上的孔中，将碳杆伸出木板约 2cm（见图 9-17）。在机身上下两侧各安装一层木板圆环，作为起落架径向运动的限位板。在简易起落架上安装木质摇臂（见图 9-18），并在指定位置安装控制起落架方向的舵机。

注意：可以在机身下侧和下侧限位圆环之间添加弹簧作为缓冲，舵机周围使用多根巴尔沙木棒进行固定。

图 9-17　安装起落架

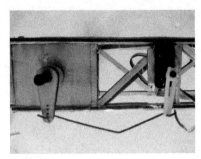

图 9-18　安装木质摇臂

（4）安装电机与走线。将电机安装在机身的木板电机座上（见图 9-19）。为了使电机座更加稳固，并提升电机座的使用寿命，可以在金属电机座和机身的木板电机座之间进行简单的"焊接"。所谓"焊接"，就是将废弃的巴尔沙木板在砂纸上打磨成粉末，将巴尔沙木粉末作为"焊接材料"倒入连接处，滴入 502 胶，再用木棒碾压均匀，最后放在通风处晾干。这样的"焊接"可以稳固地连接金属电机座和机身的木板电机座。完成之前的操作后，再安装摇臂舵机电调（见图 9-20）。

图 9-19　安装电机

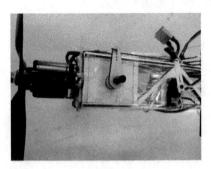

图 9-20　安装摇臂舵机电调

将尾翼处的机身用502胶粘接，制作完成小机身（见图9-21）。

注意： 一定要注意电机安装的方向，不得出现倾斜，需要减轻重量时，可以使用软铜线进行焊接（见图9-22）。

图9-21 小机身

图9-22 软铜线

9.2.2 机翼的制作

机翼采用梁式结构，具有便于开口、与机身（或中段机翼）连接简便、结构轻盈等优点；主机翼装有一根或两根强力主梁，桁条数量不多，所以主翼较脆弱。

（1）制作小机翼。首先将带有支撑条的翼肋进行拼接（见图9-23），将所有翼肋拼接完成后备用。将翼肋放在缘条指定位置，按照腹板的大小依次拼接（见图9-24）。

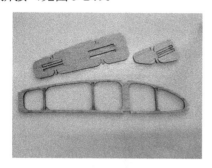

图9-23 拼接翼肋

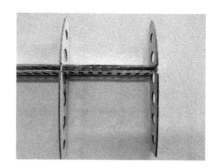

图9-24 放置翼肋腹板

（2）安装后腹板。在机翼连接处安装拼接要用到的碳管，同时在桁条的缝隙中安装自制耳片，提升航空模型的载重能力（见图9-25和图9-26）。当整个小机翼拼接完成后，使用单股尼龙绳（将多股绳分成单股绳）缠绕翼梁，提升其强度（见图 9-27）。

注意： 翼肋的安装不得出现倾斜。

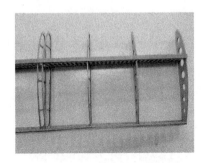

图 9-25　安装后腹板

图 9-26　安装自制耳片

在安装舵机的两条翼肋上粘贴碳片进行加固（见图 9-28），再把舵机安装好，并在舵机周围多加几条小木棒使其固定。最后在前缘处粘贴木质蒙板，完成小机翼的制作（见图 9-29）。

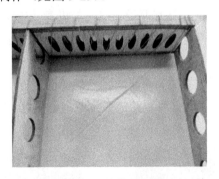

图 9-27　缠绕尼龙绳

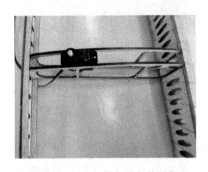

图 9-28　粘贴碳片并安装舵机

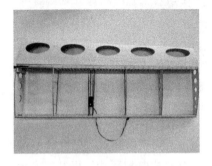

图 9-29　粘贴蒙板

（3）制作中段机翼。制作中段机翼与制作小机翼有类似之处，如前腹板、后腹板、桁条及前缘巴尔沙蒙板的拼接方式均与制作小机翼的方式相同。不同的是需要安装与机身插接的结构（见图 9-30），以及在桁条上安装碳片。

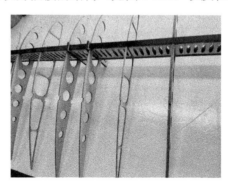

图 9-30　拼接中段机翼

（4）制作起落架。首先制作一个简易的小盒子固定起落架（见图 9-31）。将起落架的碳管插入其中，并将起落架整体固定在翼肋和腹板的夹角上，再使用单股尼龙绳反复缠绕将其捆绑固定（见图 9-32）。

注意：蒙皮前，要先将舵机延长线安装在机翼中。

图 9-31　起落架固定装置

图 9-32　安装起落架

（5）制作副翼。将翼尖按照腹板上的印记进行拼接，在安装快速调节器的木板处使用多个木片进行加固（见图 9-33）。

图 9-33　制作副翼

9.2.3　尾翼的制作

尾翼的制作相对机翼的制作来说要简单许多,不需要反复加固及精确拼接,只需按照结构进行拼接,并将舵机安装好即可(见图 9-34~图 9-37)。

注意:确保各木片之间紧密连接,舵机安装牢固。

图 9-34　制作垂直尾翼

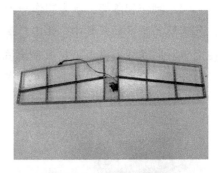

图 9-35　制作水平尾翼

图 9-36　制作升降舵

图 9-37　水平尾翼和升降舵

9.3 蒙皮与组装

9.3.1 蒙皮的部件

轻木运输机航空模型采用超轻蒙皮。选择超轻蒙皮不仅可以减轻重量，而且在蒙皮过程中收缩力较小，更便于蒙皮。蒙皮方法与滑翔机航空模型蒙皮一样，只是轻木运输机航空模型整体较脆，蒙皮过程中不可用力过猛，否则会造成材料断裂（见图 9-38～图 9-41）。

注意：平行尾翼、升降舵、副翼等薄板形部件很容易弯曲，此时要按照前面所讲的处理变形的小技巧来尽量保证部件平直。

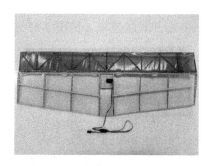

图 9-38 升降舵和水平尾翼蒙皮

图 9-39 小机身和垂直尾翼蒙皮

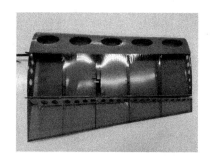

图 9-40 副翼和小机翼蒙皮

图 9-41 主机翼蒙皮

9.3.2 模型的组装

（1）连接舵面。调整副翼位置使其与小机翼形状相符，副翼与小机翼之间的连接可以直接使用胶带粘接（见图 9-42），副翼中的凸出部分作为舵脚。安装完成快速调节器后，安装舵机拉杆（见图 9-43）。

图 9-42　连接副翼和小机翼　　　　图 9-43　安装舵机拉杆

（2）水平尾翼与升降舵之间的连接使用纸合页。将纸合页涂抹泡沫胶后平稳插入尾翼连接面的中线位置，再按照相同的方法安装升降舵，保持尾翼与升降舵在同一平面内（见图9-44）；最后安装升降舵拉杆（见图9-45）。

图 9-44　连接升降舵水平尾翼　　　图 9-45　安装升降舵拉杆

（3）连接小机身和垂直尾翼。首先将垂直尾翼插入小机身中，在连接处滴入 502 胶进行固定。为了使连接更加稳固，可在连接处进行简单的"焊接"（见图9-46）。

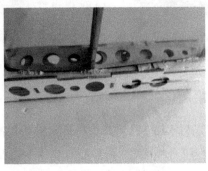

图 9-46　"焊接"垂直尾翼和小机身

（4）组装机翼和机身。首先连接机身与主机翼。截取长约 10cm 的碳杆并将其一端打磨成锥形，插入已经对齐的机身与机翼的连接孔中（见图 9-47 和图 9-48）。

注意：孔洞有误差时可使用锉刀进行轻微打磨。

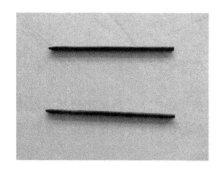

图 9-47　插接碳杆　　　　　　图 9-48　插接机翼和机身

（5）组装水平尾翼和机身。将水平尾翼插入小机身连接处，使用胶带进行固定（见图 9-49 和图 9-50）。

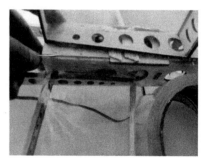

图 9-49　插入小机身　　　　　　图 9-50　胶带固定

如果要进行载重飞行，则需要用钉子进行进一步的固定（见图 9-51）。然后将小机身插入主机身中，小机身与主机身的连接孔对齐后，插入碳杆固定，最后使用胶带在连接处缠绕几圈（见图 9-52）。

注意：连接机身前需要先将舵机延长线连接好。

图 9-51　插入钉子加固

图 9-52　拼接小机身和主机身

（6）组装小机翼和主机翼。先把舵机延长线相连，再将小机翼插入主机翼，使用胶带粘接小机翼与主机翼连接处（见图 9-53）。如果载重物品较重，则需要使用尼龙扎带将两个耳片扎紧。

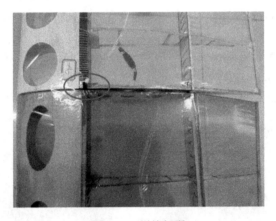
图 9-53　拼接机翼

9.4　运载物的制作

9.4.1　水袋的制作与安装

水袋作为一个简易运输物品，其形状规则，比重均匀，具有制作简单、便于安装、重量可定制等优点，因此成为平时载重飞行和赛事活动载重飞行的首选载重物。制作水袋需要准备塑料薄膜封口机、胶带、电子秤、剪刀和水袋等（见图 9-54）。

图 9-54　制作水袋的工具

（1）制作水袋。制作水袋一般由两个人完成。截取适量长度的水袋，使用塑料薄膜封口机将一端封住（见图 9-55），然后注入一定量的自来水，将注水端打成死结。仅靠水袋本身的强度是不够的，因为水袋本身较为柔软，无法捆绑在航空模型上，因此需要用胶带缠绕水袋表面使其硬化。扭转水袋的一端，缩小水袋的内部空间，使水袋有一定硬度后再用胶带缠绕固定（见图 9-56）。

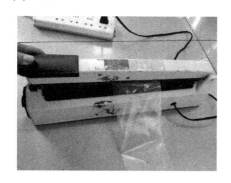

图 9-55　一端封口

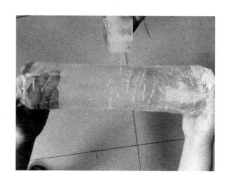

图 9-56　加固水袋

使用胶带在水袋一端缠绕一圈，固定多余的水袋（见图 9-57）。缠绕完成后，对水袋进行称重和标记（见图 9-58）。

注意： 用胶带捆绑水袋时，不可绑得太紧，以免崩坏。

图 9-57　固定多余的水袋

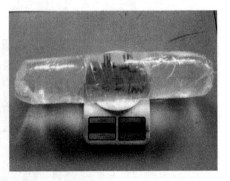

图 9-58　水袋称重

（2）安装水袋。在运输机航空模型上安装水袋一般需要四个人完成，两个人一前一后握住机身，确保航空模型稳定。第三个人托举水袋，第四个人使用尼龙绳将水袋固定在航空模型上（见图 9-59）。

图 9-59　捆绑水袋

9.4.2　简易投伞盒子的制作

轻木运输机航空模型不仅可以从事载重飞行训练，还可以进行娱乐表演，如空中投伞表演。制作一个承装小伞的盒子，盒子分为两层，由四个舵机、碳杆、层板构成，可进行两次投伞（见图 9-60 和图 9-61）。

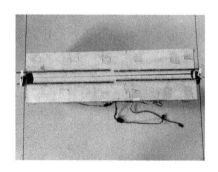

图 9-60 外观展示 图 9-61 内部展示

在与航空模型相连接时，提前在盒子背面和机身上粘贴两排魔术贴，飞行时将盒子粘贴在航空模型上即可（见图 9-62）。

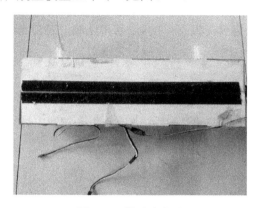

图 9-62 粘贴魔术贴

参考资料

[1] Fdzy. 自由者飞翼，倾转垂起尝试（titl VTOL）. 我爱模型网，2018 年 6 月。

[2] Dr.Qi. 垂直起降固定翼飞行器分类及发展历程. 知乎，2022 年 4 月。

[3] 谢波. 航空模型及航空模型遥控器的发展与挑战. 装配图网，2021 年 8 月。

[4] yexin1004. 固定翼飞机飞行技巧. 百度贴吧，2017 年 5 月。

[5] 航咖. 航空历史回顾：带你了解百年滑翔机设计与展望. 百度，2018 年 11 月。

[6] 看航空. 千年飞天梦：世界航空的探索与发展. 搜狐网，2021 年 8 月。

[7] 张成茂. 航空模型设计与制作. 北京：电子工业出版社，2019 年 4 月。